水利工程施工质量与安全管理

秦晓明　王光绪　高雷　李良超　李倩◎著

中国商务出版社
·北京·

图书在版编目（CIP）数据

水利工程施工质量与安全管理 / 秦晓明等著 .

北京：中国商务出版社，2024.9 -- ISBN 978-7-5103-

5384-0

Ⅰ . TV5

中国国家版本馆 CIP 数据核字第 2024FY1913 号

水利工程施工质量与安全管理

SHUILI GONGCHENG SHIGONG ZHILIANG YU ANQUAN GUANLI

秦晓明　王光绪　高　雷　李良超　李　倩　著

出版发行：中国商务出版社有限公司

地　　址：北京市东城区安定门外大街东后巷28号　　邮编：100710

网　　址：http://www.cctpress.com

联系电话：010-64515150（发行部）　　010-64212247（总编室）

　　　　　　010-64269744（事业部）　　010-64248236（印制部）

责任编辑：张高平

排　　版：廊坊市展博印刷设计有限公司

印　　刷：北京建宏印刷有限公司

开　　本：787毫米×1092毫米　1/16

印　　张：12.75　　　　　　　　**字　数：**252千字

版　　次：2024年9月第1版　　　　**印　次：**2024年9月第1次印刷

书　　号：ISBN 978-7-5103-5384-0

定　　价：78.00元

前　言

目前，水利工程越来越与人民的日常生活联系在一起，水利工程逐渐成为人民生活的基本保障之一。实现城乡统一供水，可保障饮用水安全。因此，水利工程的建设质量或安全管理不仅是水利工程本身的需要，也影响到水利工程相关社会价值的实现。

水利工程在建设安全管理中如果出现问题，势必损害与水利工程有关人员的利益。因此，必须加强水利工程建设的安全管理措施。水利工程建设是一项综合性的系统工程，不仅施工周期比较长，而且施工环节也比较多，其中隐含的质量安全风险因素也相对较多。在水利工程施工过程中，要加强对施工质量安全的管理和安全控制，建立高效的质量安全管理机制，以提高水利工程的施工质量安全，推动我国水利事业的健康发展。

本书旨在阐述水利工程管理的有关知识分析，分析水利工程建设对地方的经济建设、人民群众的生活的影响。为了促进地方的经济建设，加快水利工程等基础设施的建设，建议加强水利工程管理工作，从质量和安全管理等多方面着手，最终促进水利工程稳定发展。

本书由秦晓明、王光绪、高雷、李良超、李倩负责编写，张方勇、汪婧献、向鹏、胡俊杰、刘皓男、张瑞、时培银对整理本书亦有贡献。

限于作者水平有限，书中不足之处，恳请各位读者批评指正，以便修订完善本书。

笔者

2024年7月

目录

第一章 水利知识概述

要进行水利工程建设,首先要对水利的基础知识有一定了解,本章主要阐述水利方面的基础知识。

第一节 水文知识

一、河流和流域

地表上较大的天然水流称为河流。河流是陆地上最重要的水资源和水能资源,是自然界中水文循环的主要通道。中国的主要河流一般发源于山地,最终流入海洋、湖泊或洼地。沿着水流的方向,一条河流可分为河源、上游、中游、下游和河口几段。中国最长的河流是长江,其河源发源于青藏高原的唐古拉山脉。湖北宜昌以上河段为上游,长江的上游主要在深山峡谷中,水流湍急,水面坡降大;自湖北宜昌至江西湖口的河段为中游,河道蜿蜒弯曲,水面坡降小,水面明显宽敞;江西湖口以下河段为下游,长江下游段河流受海潮顶托作用;河口位于江苏省东部和上海市。

在水利水电枢纽工程中,为了便于工作,习惯上以面向河流下游为准,左手侧河岸称为左岸,右手侧称为右岸。中国的主要河流中,多数流入太平洋,如长江、黄河、珠江等。少数流入印度洋(怒江、雅鲁藏布江等)和北冰洋。沙漠中的少数河流只有在雨季存在,成为季节河。

直接流入海洋或内陆湖的河流称为干流,流入干流的河流为一级支流,流入一级支流的河流为二级支流,依此类推。河流的干流、支流、溪涧和流域内的湖泊彼此连接所形成的庞大脉络系统,称为河系或水系,如长江水系、黄河水系、太湖水系。一个水系的干流及其支流的全部集水区域称为流域,在同一个流域内的降水,最终通过同一个河口注入海洋,如长江流域、珠江流域。较大的支流或湖泊也能称为流域,如汉水流域、清江流域洞庭湖流域、太湖流域。两个流域之间的分界线称为分水线,是分隔两个流域的界限。在山区,分水线通常为山岭或山脊,所以又称分水岭,如秦岭为长江和黄河的分水岭。在平原地区,流域的分界线则不甚明显。特殊的情况如黄河下游,其北岸为海河流域,南岸为淮河流域,黄河两岸大堤成为黄河流域与其他流域的分水线。流域的地表分水线与地下分水线有时并不完全重合,一般以地表分水线作为流域分水线。在平原地区,要划分明确的分水线往往是较为困难的。

描述流域形状特征的主要几何形态指标有以下几个:

1.流域面积 F,流域的封闭分水线内区域在平面上的投影面积。

2.流域长度 L,流域的轴线长度,以流域出口为中心画许多同心圆,由每个同心圆与分水线相交作割线,各割线中点顺序连线的长度即流域长度。

3.流域平均宽度 B,流域面积与流域长度的比值,$B = F/L$。

4.流域形状系数 Kr,流域宽度与流域长度的比值,$K_Y = B/L$。

影响河流水文特性的主要因素包括:流域内的气象条件(降水、蒸发等)、地形和地质条件(山地、丘陵平原、岩石、湖泊、湿地等)、流域的形状特征(形状面积、坡度、长度、宽度等)、地理位置(纬度、海拔、邻海等)、植被条件和湖泊分布、人类活动等。

二、河(渠)道的水文学和水力学指标

1.河(渠)道横断面:垂直于河流方向的河道断面地形。天然河道的横断面形状多种多样,常见的有 V 形、U 形、复式等。人工渠道的横断面形状则比较规则,一般为矩形、梯形。河道水面以下部分的横断面为过不断面。过水断面的面积 A 随河水水面涨落变化,与河道流量相关。

2.河道纵断面:沿河道纵向最大水深线切取的断面。

3.水位:河道水面在某一时刻的高程,即相对于海平面的高度差。中国目前采用黄海海平面作为基准海平面。

4.河流长度 L:河流自河源开始,沿河道最大水深线至河口的距离。

5.落差 ΔZ:河流两个过水断面之间的水位差。

6.纵比降 i:水面落差与此段河流长度之比,$i = \Delta Z/\Delta L$。河道水面纵比降与河道纵断面基本上是一致的,在某些河段并不完全一致,与河道断面面积变化洪水流量有关。

河水在涨落过程中,水面纵比降随洪水过程的时间变化而变化。在涨水过程中,水面纵比降较大,落水过程中则相对较小。

7.水深 h:水面某一点到河底的垂直深度。河道断面水深指河道横断面上水位 Z 与最深点的高程差。

8.流量 Q:单位时间内通过某一河道(渠道、管道)的水体体积,单位 m³/s。

9.流速 V:流速单位 m/s。在河道过水断面上,各点流速不一致。一般情况下,过水断面上水面流速大于河底流速。常用断面平均流速作为其特征指标。断面平均流速 $\overline{v} = Q/A$。

三、河川径流

径流是指河川中流动的水流量。在中国,河川径流多为降雨形成。河川径流形成的过程是指自降水开始,到河水从海口断面流出的整个过程。这个过程非常复杂,一般要经历降水蓄渗(入渗)、产流和汇流几个阶段。降雨初期,雨水降落到地面后,除了一部分被植被的枝叶或洼地截留,大部分渗入土壤。如果降雨强度小于土壤入渗率,雨水将不断渗入土壤,不会产生地表径流。在土壤中的水分达到饱和以后,多余部分在地面形成坡面漫流。当降水强度大于土壤的入渗率时,土壤中的水分来不及被降水完全饱和。一部分雨水在继续不断地渗入土壤的同时,另一部分雨水即开始在坡面形成流动。初始流动沿坡面最大坡降方向漫流。坡面水流顺坡面逐渐汇集到沟槽、溪涧中,形成溪流。从涓涓细流汇流形成小溪、小河,最后归于大江大河。渗入土壤的水分,一部分将通过土壤和植物蒸发到空中,另一部分通过渗流缓慢地从地下渗出,形成地下径流。相当一部分地下径流将补充注入高程较低的河道内,成为河川径流的一部分。

降雨形成的河川径流与流域的地形、地质、土壤、植被,降雨强度、时间、季节,以及降雨区域在流域中的位置等因素有关。因此,河川径流具有循环性、不重复性和地区性。表示径流的特征值主要有以下几点:

1. 径流量 Q:单位时间内通过河流某一过水断面的水体体积。
2. 径流总量 W:一定的时段 T 内通过河流某过水断面的水体总量,$W = QT$。
3. 径流模数 M:径流量在流域面积上的平均值,$M = Q/F$。
4. 径流深度 R:流域单位面积上的径流总量,$R = W/F$。
5. 径流系数 a:某时段内的径流深度与降水量之比 $a = R/P$。

四、河流的洪水

当流域在短时间内较大强度的集中降雨,或地表冰雪迅速融化时,大量水经地表或地下迅速地汇集到河槽,造成河道内径流量急增,河流中发生洪水。

河流的洪水过程是在河道流量较小、较平缓的某一时刻开始,河流的径流量迅速增长,并到达一峰值,随后逐渐降落到趋于平缓的过程。同时,河道的水位也经历一个上涨、下落的过程。河道洪水流量的变化过程曲线称为洪水过程线。洪水流量过程线上的最大值称为洪峰流量 Q,起涨点以下流量称为基流。基流由岩石和土壤中的水缓慢外渗或冰雪逐渐融化形成。大江大河的支流众多,各支流的基流汇合,使其基流量也比较大。山区性河流,特别是小型山溪,基流非常小,冬天枯水期甚至会断流。

洪水过程线的形状与流域条件和暴雨情况有关。

影响洪水过程线的流域条件有河流纵坡降、流域形状系数。一般而言,山区性河流由于山坡和河床较陡,河水汇流时间短,洪水很快形成,又很快消退。洪水陡涨陡落,往往几小时或十几小时就经历一场洪水过程。平原河流或大江大河干流上,一场洪水过程往往需要经历三天、七天甚至半个月。如果第一场降雨形成的洪水过程尚未完成又遇降雨,洪水过程线就会形成双峰或多峰。大流域中,因多条支流相继降水,也会造成双峰或其他组合形态。

影响洪水过程线的暴雨条件有暴雨强度、降雨时间、降雨量、降雨面积、雨区在流域中的位置等。洪水过程还与降雨季节,与上一场降雨的间隔时间等有关。如春季第一场降雨,因地表土壤干燥而洪峰流量较小。发生在夏季的同样的降雨可能因土壤饱和而使其洪峰流量明显变大。流域内的地形、河流、湖泊、洼地的分布也是影响洪水过程线的重要因素。

由于种种原因,实际发生的每一次洪水过程线都有所不同。但是同一条河流的洪水过程还是有其基本规律的。研究河流洪水过程及洪峰流量大小,可为防洪、设计等提供理论依据。工程设计中,通过分析诸多洪水过程线,选择其中具有典型特征的一条,称为典型洪水过程线。典型洪水过程线能够代表该流域(或河道断面)的洪水特征,作为设计依据。

符合设计标准(指定频率)的洪水过程线称为设计洪水过程线。设计洪水过程线由典型洪水过程线按一定的比例放大而得。洪水放大常用方法有同倍比放大法和同频率放大法,其中同倍比放大法又有"以峰控制"和"以量控制"两种。下面以同倍比放大为例介绍放大方法。

收集河流的洪峰流量资料,通过数量统计方法,得到洪峰流量的经验频率曲线。根据水利水电枢纽的设计标准,在经验频率曲线上确定设计洪水的洪峰流量。

五、河流的泥沙

河流中常挟带着泥沙,由水流冲蚀流域地表所形成。这些泥沙随着水流在河槽中运动。河流中的泥沙一部分是随洪水从上游冲蚀带来,另一部分是从沉积在原河床冲扬起来的。当随上游洪水带来的泥沙总量与被洪水带走的泥沙总量相等时,河床处于冲淤平衡状态。冲淤平衡时,河床维持稳定。中国流域的水量大部分由降雨汇集而成。暴雨是地表侵蚀的主要因素。地表植被情况是影响河流泥沙含量多少的另一主要因素。在中国南方,尽管暴雨强度远大于北方,由于植被情况良好,河流泥少含量远小于北方。位于北方植被条件差的黄河流经黄土地区,黄土结构疏松,抗雨水冲蚀能力差,使黄河成为高含沙量的河流。影响河流泥沙的另一重要因素是人类活动。随着部分地区的盲目开发,南方某些河流的泥沙含量也有所增多。

泥沙在河道或渠道中有两种运动方式。颗粒小的泥沙能够被流动的水流扬起,并被带动着随水流运动,称为悬移质。颗粒较大的泥沙只能被水流推动,在河床底部滚动,称为推移质。水流挟带泥沙的能力与河道流速大小相关。流速大,则挟带泥沙的能力大,泥沙在水流中的运动方式也随之变化。在坡度陡、流速高的地方,水流能够将较大粒径的泥沙扬起,成为悬移质。这部分泥沙被带到河势平缓、流速低的地方时,落于河床上转变为推移质,甚至沉积下来,成为河床的一部分。沉积在河床的泥沙称为床沙。悬移质、推移质和床沙在河流中随水流流速的变化相互转化。

在自然条件下,泥沙运动不断地改变着河床形态。随着人类活动的介入,河流的自然变迁条件受到限制。人类在河床两岸筑堤挡水,使泥沙淤积在受到约束的河床内,从而抬高河床底高程。随着泥沙不断地淤积和河床不断地抬高,人类被迫不断地加高河堤。例如,黄河开封段、长江荆江段均已成为河床底部高于两岸十多米的悬河。

水利水电工程建成以后,破坏了天然河流的水沙条件和河床形态的相对平衡。拦河坝的上游,因为水库水深增加,水流流速大为减少,泥沙沉积在水库内。泥沙淤积的一般规律是,从河流回水末端的库首地区开始,入库水流流速沿程逐渐减小。因此,粗颗粒首先沉积在库首地区,较细颗粒沿程陆续沉积,直至坝前。随着库内泥沙淤积高程的增加,较粗颗粒也会逐渐带至坝前。水库中的泥沙淤积会使水库库容减少,降低工程效益。泥沙淤积在河流进入水库的口门处,抬高口门处的水位及其上游回水水位,增加上游淹没。进入水电站的泥沙会磨损水轮机。水库下游,因泥沙被水库拦截,下泄水流变清,河床因清水冲刷造成河床刷深下切。

在多沙河流上建造水利水电枢纽工程时,需要考虑泥沙淤积对水库和水电站的影响。需要在适当的位置设置专门的冲砂建筑物,用以减缓库区淤积速度,阻止泥沙进入发电输水管(渠)道,延长水库和水电站的使用寿命。描述河流泥沙的特征值有以下几个:

1.含沙量:单位水体中所含泥沙重量,单位 kg/m^3。

2.输沙量:一定时间内通过某一过水断面的泥沙重量,一般以年输沙量衡量一条河流的含沙量。

3.起动流速 V:使泥沙颗粒从静止变为运动的水流流速。

第二节　地质知识

地质构造是指由于地壳运动,岩层发生变形或变位后形成的各种构造形态。地质构造有五种基本类型:水平构造、倾斜构造、直立构造、褶皱构造和断裂构造。这些地质构造不仅改变了岩层的原始产状、破坏了岩层的连续性和完整性,还降低了岩体的稳定性和增大了岩体的渗透性。因此,研究地质构造对水利工程建筑有着非常重要的意义。要研究上述五种构造必须了解地质年代和岩层产状等相关知识。

一、地质年代和地层单位

地球形成至今已有46亿年,对整个地质历史时期而言,地球的发展演化及地质事件的记录和描述需要有一套相应的时间概念,即地质年代。同人类社会发展历史分期一样,可将地质年代按时间的长短依次分为宙、代、纪、世不同时期,对应于上述时间段所形成的岩层(地层)依次称为宇、界、系统,这便是地层单位,如太古代形成的地层称为太古界,石炭纪形成的地层称为石炭系等。

二、岩层产状

岩层产状是指岩层在空间的位置,用走向倾向和倾角表示,称为岩层产状三要素。

1.走向。岩层面与水平面的交线叫走向线,走向线两端所指的方向即岩层的走向。走向有两个方位角数值,且相差180°,如NW300°和SE120°。岩层的走向表示岩层的延伸方向。

2.倾向。层面上与走向线垂直并沿倾斜面向下所引的直线叫倾斜线,倾斜线在水平面上投影所指的方向就是岩层的倾向。对于同一岩层面,倾向与走向垂直,且只有一个方向。岩层的倾向表示岩层的倾斜方向。

3.测量倾角。罗盘侧立摆放,将罗盘平行于南北方向的边(或长边)与层面贴触,并垂直于走向线,然后转动罗盘背面的测有旋钮,使长水准泡居中,此时倾角旋钮所指方向盘上的度数即倾角大小。若是长方形罗盘,此时指针在方向盘上所指的度数,即所测的倾角大小。

三、水平构造、倾斜构造和直立构造

1.水平构造

岩层产状呈水平(倾角 $\alpha=0°$)或近似水平($\alpha<5°$)。岩层呈水平构造,表明该地区地壳相对稳定。

2.倾斜构造(单斜构造)

岩层产状的倾角 $0°<\alpha<90°$,岩层呈倾斜状。

岩层呈倾斜构造说明该地区地壳不均匀抬升或受到岩浆作用的影响。

3.直立构造

岩层产状的倾角 $\alpha\approx90°$,岩层呈直立状。

岩层呈直立构造说明岩层受到强有力的挤压。

四、褶皱构造

褶皱构造是指岩层受构造应力作用后产生的连续弯曲变形。绝大多数褶皱构造是岩层在水平挤压力作用下形成的。褶皱构造是岩层在地壳中广泛发育的地质构造形态之一,它在层状岩石中最为明显,在块状岩体中则很难见到。褶皱构造的每一个向上或向下弯曲称为褶曲。两个或两个以上的褶曲组合叫褶皱。

1.褶皱要素

褶皱构造的各个组成部分称为褶皱要素。

(1)核部,褶曲中心部位的岩层。

(2)翼部,核部两侧的岩层,一个褶曲有两个翼。

(3)翼角,翼部岩层的倾角。

(4)轴面,对称平分两翼的假象面。轴面可以是平面,也可以是曲面。轴面与水平面的交线称为轴线,轴面与岩层面的交线称为枢纽。

(5)转折端,从一翼转到另一翼的弯曲部分。

2.褶皱的基本形态褶皱的基本形态是背斜和向斜。

(1)背斜。岩层向上弯曲,两翼岩层常向外倾斜,核部岩层时代较老,两翼岩层依次变新并呈对称分布。

(2)向斜。岩层向下弯曲,两翼岩层常向内倾斜,核部岩层时代较新,两翼岩层依次变老并呈对称分布。

3.褶皱的类型

根据轴面产状和两翼岩层的特点,将褶皱分为直立褶皱、倾斜褶皱、倒转褶皱、平卧褶皱、翻卷褶皱。

4.褶皱构造对工程的影响

(1)褶皱构造影响着水工建筑物地基岩体的稳定性及渗透性。选择坝址时,应尽量考虑避开褶曲轴部地段。因为轴部节理发育、岩石破碎,易受风化、岩体强度低、渗透性强,所以工程地质条件较差。当坝址选在褶皱翼部时,若坝轴线平行岩层走向,则坝基岩性较均一。再从岩层产状考虑,岩层倾向上游,倾角较陡时,对坝基岩体抗滑稳定有利,也不易产生顺层渗漏;当倾角平缓时,虽然不易向下游渗漏,但坝基岩体易于滑动。岩层倾向下游,倾角又缓时,岩层的抗滑稳定性最差,也容易向下游产生顺层渗漏。

(2)褶皱构造与其蓄水的关系。褶皱构造中的向斜构造,是良好的蓄水构造,在这种构造盆地中打井,地下水常较丰富。

五、断裂构造

岩层受力后产生变形,当作用力超过岩石的强度时,岩石就会发生破裂,形成断裂构造。断裂构造的产生,必将对岩体的稳定性、透水性及其工程性质产生较大影响。根据破裂之后的岩层有无明显位移,将断裂构造分为节理和断层两种形式。

(一)节理

没有明显位移的断裂称为节理。节理按照成因分为三种类型:第一种为原生节理,即岩石在成岩过程中形成的节理,如玄武岩中的柱状节理;第二种为次生节理,即风化、爆破等原因形成的裂隙,如风化裂隙等;第三种为构造节理,即由构造应力所形成的节理。其中,构造节理分布最广。构造节理又分为张节理和剪节理:张节理由张应力作用产生,多发育在褶皱的轴部,其主要特征为,节理面粗糙不平,无擦痕,节理多开口,一般被其他物质充填,在砾岩或砂岩中的张节理常常绕过砾石或砂粒,节理一般较稀疏,而且延伸不远;剪节理由剪应力作用产生,其主要特征为,节理面平直光滑,有时可见擦痕,节理面一般是闭合的,没有充填物,在砾岩或砂岩中的剪节理常常切穿砾石或砂粒,产状较稳定,间距小、延伸较远,发育完整的剪节理呈 X 形。

(二)断层

有明显位移的断裂称为断层。

1.断层要素

断层的基本组成部分叫断层要素。断层要素包括断层面、断层线、断层带、断盘及断距。

(1)断层面。岩层发生断裂并沿其发生位移的破裂面。它的空间位置仍由走向、倾向和倾角表示。它既可以是平面,也可以是曲面。

(2)断层线。断层面与地面的交线。其方向表示断层的延伸方向。

(3)断层带。包括断层破碎带和影响带。破碎带是指被断层错动搓碎的部分,常由岩块碎屑、粉末、角砾及黏土颗粒组成,其两侧被断层面所限制。影响带是指靠近破碎带两侧的岩层受断层影响裂隙发育或发生牵引弯曲的部分。

(4)断盘。断层面两侧相对位移的岩块称为断盘。其中,断层面之上的称为上盘,断层面之下的称为下盘。

(5)断距。断层两盘沿断层面相对移动的距离。

2.断层的基本类型

按照断层两盘相对位移的方向,可将断层分为以下三种类型:

(1)正断层,上盘相对下降,下盘相对上升的断层。

(2)逆断层,上盘相对上升,下盘相对下降的断层。

(3)平移断层,指两盘沿断层面作相对水平位移的断层。

(三)断裂构造对工程的影响

节理和断层的存在,破坏了岩石的连续性和完整性,降低了岩石的强度,增强了岩石的透水性,给水利工程建设带来很大影响。如节理密集带或断层破碎带,会导致水工建筑物的集中渗漏、不均匀变形,甚至发生滑动破坏。因此在选择坝址、确定渠道及隧洞线路时,要尽量避开大的断层和节理密集带,否则必须对其进行开挖、帷幕灌浆等方法处理,甚至调整坝或洞轴线的位置。不过,这些破碎地带有利于地下水的运动和汇集。因此,断裂构造对于山区找水具有重要意义。

第三节　水资源规划知识

一、规划类型

水资源开发规划是跨系统、跨地区、多学科和综合性较强的前期工作,按区域、范围、规模、目的、专业等可以有多种分类或类型。水资源开发规划,除在《中华人民共和国水法》上有明确的类别划分外,当前尚未形成共识。不少文献根据规划的范围、目的、对象、水体类别等的不同而有多种分类。

1.按水体划分

按不同水体可分为地表水开发规划、地下水开发规划、污水资源化规划、雨水资源利用规划和海咸水淡化利用规划等。

2.按目的划分

按不同目的可分为供水水资源规划、水资源综合利用规划、水资源保护规划、水土保持规划、水资源养蓄规划、节水规划和水资源管理规划等。

3.按用水对象划分

按不同用水对象可分为人畜生活饮用水供水规划、工业用水供水规划和农业用水供水规划等。

4.按自然单元划分

按不同自然单元可分为独立平原的水资源开发规划、流域河系水资源梯级开发规划、小流域治理规划和局部河段水资源开发规划等。

5.按行政区域划分

按不同行政区域可分为以宏观控制为主的全国性水资源规划和包含特定内容的省(自治区、直辖市)、地(市)、县域水资源开发规划。乡镇因常常不是一个独立的自然单元或独立小流域,而水资源开发不仅受到地域且受到水资源条件的限制,所以,按行政区划的水资源开发规划应是县级以上行政区域。

6.按目标单一与否划分

按目标的单一与否可分为单目标水资源开发规划(经济或社会效益的单目标)和多目标水资源开发规划(经济、社会、环境等综合的多目标)。

7.按内容和含义划分

按不同内容和含义可分为综合规划和专业规划。各种水资源开发规划编制的基础是相同的,相互间是不可分割的,但各自的侧重点或主要目标不同,并各具特点。

二、规划的方法

进行水资源规划必须了解和搜集各种规划资料,并且掌握处理和分析这些资料的方法,使其为规划任务的总目标服务。

1.水资源系统分析的基本方法

水资源系统分析的常用方法如下。

(1)回归分析方法。它是处理水资源规划资料最常用的一种分析方法。在水资源规划中最常用的回归分析方法有一元线性回归分析、多元回归分析、非线性回归分析、拟合度量和假设检验等。

(2)投入产出分析法。它在描述、预测、评价某项水资源工程对该地区经济作用时具有明显的效果。它不仅可以说明直接用水部门的经济效果,也能说明间接用水部门的经济效果。

(3)模拟分析方法。在水资源规划中多采用数值模拟分析。数值模拟分析又可分为两类:数学物理方法和统计技术。数值模拟技术中的数学物理方法在水资源规划的确定性模型中应用较为广泛。

(4)最优化方法。由于水资源规划过程中插入的信息和约束条件不断增加,处理和分析这些信息,以制定和筛选出最有希望的规划方案,使用最优化技术是行之有效的方法。在水资源规划中最常用的最优化方法有线性规划、网络技术动态规划与排队论等。

上述四类方法是水资源规划中常用的基本方法。

2.系统模型的分解与多级优化

在水资源规划中,系统模型的变量很多,模型结构较为复杂,完全采用一种方法求解是困难的。因此在实际工作中,往往把一个规模较大的复杂系统分解成许多"独立"的子系统,分别建立子模型,然后根据子系统模型的性质以及子系统的目标和约束条件,采用不同的优化技术求解。这种分解和多级最优化的分析方法在求解大规模复杂的水资源规划问题时非常有用,它的突出优点是使系统的模型更为逼真,在一个系统模型内可以使用多种模拟技术和最优化技术。

3.规划的模型系统

在一个复杂的水资源规划中,可以有许多规划方案。因此,从加快方案筛选的观点出发,必须建立一套适宜的模型系统。对于一般的水资源规划问题可建立三种模型系统:筛选模型、模拟模型、序列模型。

系统分析的规划方法不同于"传统"的规划方法,它涉及社会、环境和经济方面的各种要求,并考虑多种目标。这种方法在实际使用中已显示出它们的优越性,是一种适合于复杂系统综合分析需要的方法。

以落实最严格水资源管理制度、实行水资源消耗总量和强度双控行动、加强重点领域节水、完善节水激励机制为重点,加快推进节水型社会建设,强化水资源对经济社会发展的刚性约束,构建节水型生产方式和消费模式,基本形成节水型社会制度框架,进一步提高水资源利用效率和效益。

强化节水约束性指标管理。严格落实水资源开发利用总量、用水效率和水功能区限制纳污总量"三条红线",实施水资源消耗总量和强度双控行动,健全取水计量、水质监测和供用耗排监控体系。加快制定重要江河流域水量分配方案,细化落实覆盖流域和省、市、县三级行政区域的取用水总量控制指标,严格控制流域和区域取用水总量。实施引调水工程要先评估节水潜力,落实各项节水措施。健全节水技术标准体系。将水资源开发、利用、节约和保护的主要指标纳入地方经济社会发展综合评价体系,县级以上地方人民政府对本行政区域水资源管理和保护工作负总责。加强最严格水资源管理制度考核工作,把节水作为约束性指标纳入政绩考核,在严重缺水的地区率先推行。

强化水资源承载能力刚性约束。加强相关规划和项目建设布局水资源论证工作,国民经济和社会发展规划以及城市总体规划的编制、重大建设项目的布局,应当与当地水资源条件和防洪要求相适应。严格执行建设项目水资源论证和取水许可制度,对取用水总量已达到或超过控制指标的地区,暂停审批新增取水。强化用水定额管理,完善重点行业、区域用水定额标准。严格水功能区监督管理,从严核定水域纳污容量,严格控制入河湖排污总量,对排污量超出水功能区限排总量的地区,限制审批新增取水和入河湖排污口。强化水资源统一调度。

强化水资源安全风险监测预警。健全水资源安全风险评估机制,围绕经济安全、资源安全、生态安全,从水旱灾害、水供求态势、河湖生态需水、地下水开采、水功能区水质状况等方面,科学评估全国及区域水资源安全风险,加强水资源风险防控。以省、市、县三级行政区划为单元,开展水资源承载能力评价,建立水资源安全风险识别和预警机制。抓紧建成国家水资源管理系统,健全水资源监控体系,完善水资源监测、用水计量与统计等管理制度和相关技术标准体系,加强省界等重要控制断面、水功能区和地下水的水质水量监测能力建设。

第四节 水利枢纽知识

为了综合利用和开发水资源,常需在河流适当地段集中修建几种不同类型和功能的水工建筑物,以控制水流,便于协调运行和管理。这种由几种水工建筑物组成的综合体,称为水利枢纽。

一、水利枢纽的分类

水利枢纽的规划、设计、施工和运行管理应尽量遵循综合利用水资源的原则。水利枢纽的类型很多。为实现多种目标而兴建的水利枢纽,建成后能满足国民经济不同部门的需要,称为综合利用水利枢纽。以某一单项目标为主而兴建的水利枢纽,常以主要目标命名,如防洪枢纽、水力发电站、航运枢纽、取水枢纽等。在很多情况下水利枢纽是多目标的综合利用枢纽,如防洪—发电枢纽,防洪—发电—灌溉枢纽,发电—灌溉—航运枢纽等。按拦河坝的型式还可分为重力坝枢纽、拱坝枢纽、土石坝枢纽及水闸枢纽等。根据修建地点的地理条件不同,有山区、丘陵区水利枢纽和平原、滨海区水利枢纽之分;根据枢纽上下游水位差的不同,有高、中、低水头之分,世界各国对此无统一规定。中国一般水头70m以上的是高水头枢纽,水头30~70m的是中水头枢纽,水头30m以下的是低水头枢纽。

二、水利枢纽工程基本建设程序及设计阶段

水利是国民经济的基础设施和基础产业。水利工程建设要严格按建设程序进行。根据有关规定,水利工程建设程序一般分为项目建议书、可行性研究报告初步设计、施工准备(包括招标设计)、建设实施、生产准备、竣工验收、后评价等阶段。建设前期根据国家总体规划以及流域综合规划,开展前期工作,包括提出项目建议书、可行性研究报告和初步设计(或扩大初步设计)。水利工程建设项目的实施,必须通过基本建设程序立项。水利工程建设项目的立项过程包括项目建议书和可行性研究报告阶段。根据目前管理现状,项目建议书、可行性研究报告、初步设计由水行政主管部门或项目法人组织编制。

项目建议书应根据国民经济和社会发展长远规划、流域综合规划、区域综合规划、专业规划,按照国家产业政策和国家有关投资建设方针进行编制,是对拟进行工程项目的初步说明。项目建议书编制一般由政府委托有相应资质的设计单位承担,并按国家现行规定权限向主管部门申报审批。

可行性研究应对项目进行方案比较,对项目在技术上是否可行和经济上是否合理进行科学的分析和论证。经过批准的可行性研究报告,是项目决策和进行初步设

计的依据。可行性研究报告,由项目法人(或筹备机构)组织编制。可行性研究报告经批准后,不得随意修改和变更,在主要内容上有重要变动,应经原批准机关复审同意。项目可行性报告批准后,应正式成立项目法人,并按项目法人责任制实行项目管理。

初步设计是根据批准的可行性研究报告和必要而准确的设计资料,对设计对象进行全面研究,阐明拟建工程在技术上的可行性和经济上的合理性,规定项目的各项基本技术参数,编制项目的总概算。初步设计任务应择优选择有相应资质的设计单位承担,依照有关初步设计编制规定进行编制。

建设项目初步设计文件已批准,项目投资来源基本落实,可以进行主体工程招标设计和组织招标工作以及现场施工准备。项目的主体工程开工之前,必须完成各项施工准备工作,其主要内容包括:施工现场的征地、拆迁;完成施工用水、电、通信路和场地平整等工程;必需的生产、生活临时建筑工程;组织招标设计、工程咨询、设备和物资采购等服务;组织建设监理和主体工程招标投标,并择优选定建设监理单位和施工承包商。

建设实施阶段是指主体工程的建设实施,项目法人按照批准的建设文件,组织工程建设,保证项目建设目标的实现。项目法人或建设单位向主管部门提出主体工程开工申请报告,按审批权限,经批准后,方能正式开工。随着社会主义市场经济机制的建立,工程建设项目实行项目法人责任制后,主体工程开工,必须具备以下条件:前期工程各阶段文件已按规定批准,施工详图设计可以满足初期主体工程施工需要;建设项目已列入国家年度计划,年度建设资金已落实;主体工程招标已经决标,工程承包合同已经签订,并得到主管部门同意;现场施工准备和征地移民等建设外部条件能够满足主体工程开工需要。

生产准备应根据不同类型的工程要求而确定,一般应包括如下内容:生产组织准备,建立生产经营的管理机构及相应管理制度;招收和培训人员;生产技术准备;生产的物资准备;正常的生活福利设施准备。竣工验收是工程完成建设目标的标志,是全面考核基本建设成果、检验设计和工程质量的重要步骤。竣工验收合格的项目即从基本建设转入生产或使用。

工程项目竣工投产后,一般经过1~2年生产营运后,要进行一次系统的项目后评价,主要内容包括:影响评价一项目投产后对各方面的影响进行评价,经济效益评价一对项目投资、国民经济效益、财务效益技术进步和规模效益、可行性研究深度等进行评价,过程评价一对项目的立项、设计施工建设管理、竣工投产、生产营运等全过程进行评价。项目后评价一般按三个层次组织实施,即项目法人的自我评价、项目行业的评价、计划部门(或主要投资方)的评价。

设计工作应遵循分阶段、循序渐进、逐步深入的原则进行。以往大中型枢纽工程常按三个阶段进行设计,即可行性研究、初步设计和施工详图设计。对于工程规模大,技术上复杂而又缺乏设计经验的工程,经主管部门指定,可在初步设计和施工详图设计之间,增加技术设计阶段。为适应招标投标合同管理体制的需要,初步设计之后又有招标设计阶段。

1.增加预可行性研究报告阶段

在江河流域综合利用规划及河流(河段)水电规划选定的开发方案基础上,根据国家与地区电力发展规划的要求,编制水电工程预可行性研究报告。预可行性研究报告经主管部门审批后,即可编报项目建议书。预可行性研究是在江河流域综合利用规划或河流(河段)水电规划以及电网电源规划基础上进行的设计阶段。其任务是论证拟建工程在国民经济发展中的必要性、技术可行性、经济合理性。本阶段的主要工作内容包括:河流概况及水文气象等基本资料的分析;工程地质与建筑材料的评价;工程规模、综合利用及环境影响的论证;初拟坝址、厂址和引水系统线路;初步选择坝型、电站、泄洪、通航等主要建筑物的基本形式与枢纽布置方案;初拟主体工程的施工方法,进行施工总体布置、估算工程总投资、工程效益的分析和经济评价等。预可行性研究阶段的成果,为国家和有关部门作出投资决策及筹措资金提供基本依据。

2.原有可行性研究与初步设计合并阶段

此阶段统称为可行性研究报告阶段。加深原有可行性研究报告深度,使其达到原有初步设计编制规程的要求。可行性研究阶段的设计任务在于进一步论证拟建工程在技术上的可行性和经济上的合理性,并要解决工程建设中重要的技术经济问题。主要设计内容包括:对水文、气象、工程地质以及天然建筑材料等基本资料作进一步分析与评价;论证本工程及主要建筑物的等级;进行水文水利计算,确定水库的各种特征水位及流量,选择电站的装机容量、机组机型和电气主接线以及主要机电设备;论证并选定坝址、坝轴线、坝型、枢纽总体布置及其他主要建筑物的形式和控制性尺寸;选择施工导流方案,进行施工方法施工进度和总体布置的设计,提出主要建筑材料、施工机械设备、劳动力、供水、供电的数量和供应计划;提出水库移民安置规划;提出工程总概算,进行技术经济分析,阐明工程效益。最后提交可行性研究报告文件,包括文字说明和设计图纸及有关附件。

3.招标设计阶段

暂按原技术设计要求进行勘测设计工作,在此基础上编制招标文件。招标文件分三类:主体工程、永久设备和业主委托的其他工程的招标文件。招标设计是在批准的可行性研究报告的基础上,将确定的工程设计方案进一步具体化,详细定出总体布置和各建筑物的轮廓尺寸、材料类型、工艺要求和技术要求等。其设计深度要求做到可以根据招标设计图较准确地计算出各种建筑材料的规格、品种和数量,混凝土浇筑、土石方填筑和各类开挖、回填的工程量,各类机械电气和永久设备的安装工程量等。根据招标设计图所确定的各类工程量和技术要求,以及施工进度计划,监理工程师可以进行施工规划并编制出工程概算,作为编制标底的依据。编标单位则可据此编制招标文件,包括合同的一般条款和特殊条款、技术规程和各项工程的工程量表,满足以固定单价合同形式进行招标的需要。施工投标单位,也可据此进行投标报价和编制施工方案及技术保证措施。

4.施工详图阶段。配合工程进度编制施工详图。施工详图设计是在招标设计的基础上,对各建筑物进行结构和细部构造设计;最后确定地基处理方案,进行处理措施设计;确定施工总体布置及施工方法,编制施工进度计划和施工预算等;提出整个工程分项分部的施工、制造、安装详图。施工详图是工程施工的依据,也是工程承包或工程结算的依据。

三、水利工程的影响

水利工程是防洪除涝、灌溉、发电、供水、围垦、水土保持、移民、水资源保护等工程及其配套和附属工程的统称,是人类改造自然、利用自然的工程。修建水利工程,是为了控制水流、防止洪涝灾害,并进行水量的调节和分配,从而满足人民生活和生产对水资源的需要。因此,大型水利工程往往具有出显著的社会效益和经济效益,带动地区经济发展,促进流域以至全国经济社会的全面可持续发展。

但是也必须注意到,水利工程的建设可能会破坏河流或河段及其周围地区在天然状态下的相对平衡。特别是具有高坝大库的河川水利枢纽的建成运行,对周围的自然和社会环境都将产生重大影响。

修建水利工程对生态环境的不利影响是河流中筑坝建库后,上下游水文状态将发生变化。可能出现泥沙淤积、水库水质下降、淹没部分文物古迹和自然景观,还可能会改变库区及河流中下游水生生态系统的结构和功能,对一些鱼类和植物的生存和繁殖产生不利影响;水库的"沉沙池"作用,使过坝的水流成为"清水",冲刷能力加大,由于水势和含沙量的变化,还可能改变下游河段的河水流向和冲积程度,造成河床被冲刷侵蚀,也可能影响到河势变化乃至河岸稳定;大面积的水库还会引起小气候的变化,库区蓄水后,水城面积扩大,水的蒸发量上升,因此会造成附近地区日夜温差缩小,改变库区的气候环境,如可能增加雾天的出现频率;兴建水库可能会增加库区地质灾害发生的频率,例如,兴建水库可能会诱发地震,增加库区及附近地区地震发生的频率;山区的水库由于两岸山体下部未来长期处于浸泡之中,发生山体滑坡,塌方和泥石流的频率可能会有所增加;深水库底孔下放的水,水温会较原天然状态有所变化,可能不如原来情况更适合农作物生长。此外,库水化学成分改变、营养物质浓集导致水的异味或缺氧等,也会对生物带来不利影响。

修建水利工程对生态环境的有利影响是,防洪工程可有效控制上游洪水,提高河段甚至流域的防洪能力,从而有效减免洪涝灾害带来的生态环境破坏;水力发电工程利用清洁的水能发电,与燃煤发电相比,可以少排放大量的二氧化碳二氧化硫等有害气体,减轻酸雨、温室效应等大气危害以及燃煤开采、洗选、运输、废渣处理所导致的严重环境污染;能调节工程中下游的枯水期流量,有利于改善枯水期水质;有些水利工程可为调水工程提供水源条件;高坝大库的建设较天然河流大幅增加了的水库的面积与容积,对渔业有利;水库调蓄的水量增加了农作物灌溉的机会。

此外,由于水位上升使库区被淹没,需要进行移民,并且由于兴建水库导致库区的风景名胜和文物古迹被淹没,需要进行搬迁、复原等。在国际河流上兴建水利工程,等于重新分配了水资源,间接地影响了水库所在国家与下游国家的关系,还可能造成外交上的影响。

上述这些水利工程在经济、社会、生态方面的影响,有利有弊,因此兴建水利工程必须充分考虑其影响,精心研究,针对不利影响应采取有效的对策及措施,促进水利工程所在地区经济、社会和环境的协调发展。

第五节　水库知识

一、水库的概念

水库是指在山沟或河流的狭口处建造拦河坝形成的人工湖泊。水库建成后,可发挥防洪、蓄水、灌溉、供水、发电、养鱼等效益。有时天然湖泊也称为水库(天然水库)。

水库规模通常按总库容大小划分,水库总库容≥$10×10^8m^3$的为大 I 型水库,水库总库容为$(1.0~10)×10^8m^3$的是大 II 型水库,水库总库容为$(0.10~1.0)×10^8m^3$的是中型水库,水库总库容为$(0.01~0.10)×10^8m^3$的是小 I 型水库,水库总库容为$(0.001~0.01)×10^8m^3$的是小 II 型水库。

二、水库的作用

河流天然来水在一年间及各年间一般都会有所变化,这种变化与社会工农业生产及人们生活用水在时间和水量分配上往往存在矛盾。兴建水库是解决这类矛盾的主要措施之一。兴建水库也是综合利用水资源的有效措施。水库不仅可以使水量在时间上重新分配,满足灌溉、防洪、供水的要求,还可以利用大量的蓄水和抬高了的水头来满足发电、航运及渔业等其他用水部门的需要。水库在来水多时把水存蓄在水库中,然后根据灌溉供水、发电、防洪等综合利用要求适时适量地进行分配。这种把来水按用水要求在时间和数量上重新分配的作用,称为水库的调节作用。水库的径流调节是指利用水库的蓄泄功能和计划地对河川径流在时间上和数量上进行控制和分配。

径流调节通常按水库调节周期分类,根据调节周期的长短,水库也可分为无调节、日调节、周调节、年调节和多年调节水库。无调节水库没有调节库容,按天然流量供水;日调节水库按用水部门一天内的需水过程进行调节;周调节水库按用水部门一周内的需水过程进行调节;年调节水库将一年中的多余水量存蓄起来,用以提高缺水期的供水量;多年调节水库将丰水年的多余水量存蓄起来,用以提高枯水年的供水量,调节周期超过一年。水库径流调节的工程措施是修建大坝(水库)和设置调节流量的闸门。

按水库所承担的任务,水库还可分为单一任务水库及综合利用水库;按水库供水方式,可分为固定供水调节及变动供水调节水库;按水库的作用,可分为反调节、补偿调节、水库群调节及跨流域调水调节等。补偿调节是指两个或两个以上水库联合工作,利用各库水文特性、调节性能及地理位置等条件的差别,在供水量、发电出力、泄洪量上相互协调补偿。通常,将其中调节性能高的、规模大的、任务单纯的水库作为补偿调节水库,而以调节性能差、用水部门多的水库作为被补偿水库(电站),考虑不同水文特性和库容进行补偿。一般是上游水库作为补偿调节水库补充放水,以满足下游电站或给水、灌溉引水的用水需要。反调节水库又称再调节水库,是指同一河段相邻较近的两个水库,下一级反调节水库在发电、航运、流量等方面利用上一级水库下泄的水流。例如,葛洲坝水库是三峡水库的反调节水库;西霞院水库是小浪底水库的反调节水库,位于小浪底水利枢纽下游16km处,当小浪底水电站执行频繁的电调指令时,其下泄流量不稳定,会对大坝下游至花园口间河流生命指标以及两岸人民生活、生产用水和河道工程产生不利影响,通过西霞院水库的再调节作用,既保证了发电调峰,又能效保护下游河道。

三、水库的特征水位和特征库容

水库的库容大小决定着水库调节径流的能力和它所能提供的效益。因此,确定水库特征水位及其相应库容是水利水电工程规划设计的主要任务之一。水库工程为完成不同任务,在不同时期和各种水文情况下,需控制达到或允许消落的各种库水位称为水库的特征水位。相应于水库的特征水位以下或两特征水位之间的水库容积称为水库的特征库容。水库的特征水位主要有正常蓄水位、死水位、防洪限制水位、防洪高水位、设计洪水位、校核洪水位等;主要特征库容有兴利库容、死库容、重叠库容、防洪库容、调洪库容、总库容等。

1.水库的特征水位

正常蓄水位是指水库在正常运用情况下,为满足兴利要求在开始供水时应该蓄到的水位,又称正常水位、兴利水位,或设计蓄水位。它是决定水工建筑物的尺寸、投资、淹没、水电站出力等指标的重要依据。选择正常蓄水位时,应根据电力系统和其他部门的要求及水库淹没坝址地形、地质、水工建筑物布置、施工条件、梯级影响、生态与环境保护等因素,拟定不同方案,通过技术经济论证及综合分析比较确定。

防洪限制水位是指水库在汛期允许兴利蓄水的上限水位,又称汛前限制水位。防洪限制水位也是水库在汛期防洪运用时的起调水位。选择防洪限制水位,要兼顾防洪和兴利的需要,应根据洪水及泥沙特性,研究对防洪、发电及其他部门和对水库淹没、泥沙冲淤及淤积部位、水库寿命枢纽布置以及水轮机运行条件等方面的影响,通过对不同方案的技术经济比较,综合分析确定。

设计洪水位是指水库遇到大坝的设计洪水时,在坝前达到的最高水位。它是水库在正常运用情况下允许达到的最高洪水位,可采用相应于大坝设计标准的各种典型洪水,按拟定的调度方式,自防洪限制水位开始进行调洪计算求得。

校核洪水位是指水库遇到大坝的校核洪水时,在坝前达到的最高水位。它是水库在非常运用情况下,允许临时达到的最高洪水位,可采用相应于大坝校核标准的各种典型洪水,按拟定的调洪方式,自防洪限制水位开始进行调洪计算求得。

防洪高水位是指水库遇下游保护对象的设计洪水时在坝前达到的最高水位。当水库承担下游防洪任务时,需确定这一水位。防洪高水位可采用相应于下游防洪标准的各种典型洪水,按拟定的防洪调度方式,自防洪限制水位开始进行水库调洪计算求得。

死水位是指水库在正常运用情况下,允许消落到的最低水位。选择死水位,应比较不同方案的电力电量效益和费用,并考虑灌溉、航运等部门对水位、流量的要求和泥沙冲淤、水轮机运行工况以及闸门制造技术对进水口高程的制约等条件,经综合分析比较确定。正常蓄水位到死水位间的水库深度称为消落深度或工作深度。

2.水库的特征库容

最高水位以下的水库静库容,称为总库容,一般指校核洪水位以下的水库容积,它是表示水库工程规模的代表性指标,可作为划分水库等级、确定工程安全标准的重要依据。

防洪高水位至防洪限制水位之间的水库容积,称为防洪库容。它用以控制洪水,满足水库下游防护对象的防洪要求。

校核洪水位至防洪限制水位之间的水库容积,称为调洪库容。正常蓄水位至死水位之间的水库容积,称为兴利库容或有效库容。当防洪限制水位低于正常蓄水位时,正常蓄水位至防洪限制水位之间汛期用于蓄洪、非汛期用于兴利的水库容积,称为共用库容或重复利用库容。死水位以下的水库容积,称为死库容。除特殊情况外,死库容不参与径流调节。

第二章 水利工程施工组织与管理

水利工程施工组织与管理是水利建筑产品形成过程中的重要手段。要想在如此激烈的行业里站稳脚跟,决不能只追求利益的最大化而忽视了工程的质量与安全,必须对施工项目进行规范化管理,保证水利产品的质量,提高企业的市场竞争力和信誉度。基于此,本章将对水利工程施工组织与管理的相关内容进行探析,以期为相关工作人员提供参考。

第一节 概述

一、建设工程项目管理的国际化

随着经济全球化的逐步深入,建设工程项目管理的国际化已经形成潮流。建设工程项目管理的国际化要求项目按国际惯例进行管理。按国际惯例就是依照国际通用的项目管理程序、准则与方法以及统的文件形式进行项目管理,使参与项目的各方(不同国家不同种族不同文化背景的人及组织)在项目实施中建立起统一的协调基础。

加入WTO后,我国的行业壁垒减弱、国内市场国际化、国内外市场全面融合,外国工程公司利用其在资本、技术、管理、人才、服务等方面的优势进入国内市场,尤其是工程总承包市场,国内建设市场竞争日趋激烈。工程建设市场的国际化必然导致工程项目管理的国际化,这对我国工程管理的发展既是机遇也是挑战。一方面,随着我国改革开放的步伐加快,我国经济日益深刻地融入全球市场,我国的跨国公司和跨国项目越来越多。许多大型项目要通过国际招标、国际咨询或BOT等方式运行。这样做不仅可以从国际市场上筹措到资金,加快国内基础设施、能源交通等重大项目的建设,而且可以从国际合作项目中学习到发达国家工程项目管理的先进制度与方法。另一方面,根据最惠国待遇和国民待遇准则,我国将获得更多的机会,并能更加容易地进入国际市场。加入WTO后,作为一名成员,我国的工程建设企业可以与其他成员的企业拥有同等的权利,并享有同等的关税减免待遇,将有更多的国内工程公司从事国际工程承包,并逐步过渡到工程项目自由经营。

国内企业可以走出国门在海外投资和经营项目,也可在海外工程建设市场上竞争,锻炼队伍,培养人才。

二、建设工程项目管理的信息化

伴随着计算机和互联网走进人们的工作与生活,以及知识经济时代的到来,工程项目管理的信息化已成必然趋势。作为当今更新速度最快的计算机技术和网络技术在企业经营管理中普及应用的速度迅猛,而且呈现加速发展的态势。这给项目管理带来很多新的生机,在信息高度膨胀的当今,工程项目管理越来越依赖计算机和网络,无论是工程项目的预算、概算、工程的招标与投标、工程施工图设计项目的进度与费用管理、工程的质量管理、施工过程的变更管理、合同管理,还是项目竣工决算都离不开计算机与互联网,工程项目的信息化已成为提高项目管理水平的重要手段。目前西方发达国家的一些项目管理公司已经在工程项目管理中运用了计算机与网络技术,开始实现项目管理网络化、虚拟化。另外,许多项目管理公司也开始大量使用工程项目管理软件进行项目管理,同时还从事项目管理软件的开发研究工作。

三、建设工程项目的全寿命周期管理

建设工程项目全寿命周期管理就是运用工程项目管理的系统方法、模型、工具等对工程项目相关资源进行系统的集成,对建设工程项目寿命期内各项工作进行有效的整合,并达成工程项目目标和实现投资效益最大化的过程。建设工程项目全寿命周期管理是将项目决策阶段的开发管理,实施阶段的项目管理和使用阶段的设施管理集成为一个完整的项目全寿命周期管理系统,是对工程项目实施全过程的统一管理,使其在功能上满足设计需求,在经济上可行,达到业主和投资人的投资收益目标。所谓项目全寿命周期是指从项目前期策划、项目目标确定,直至项目终止临时设施拆除的全部时间年限。建设工程项目全寿命周期管理既要合理确定目标、范围、规模、建筑标准等,又要使项目在既定的建设期限内,在规划的投资范围内,保质保量地完成建设任务,确保所建设的工程项目满足投资商、项目的经营者和最终用户的要求;还要在项目运营期间,对永久设施物业进行维护管理、经营管理,使工程项目尽可能创造最大的经济效益。这种管理方式是工程项目更加面对市场,直接为业主和投资人服务的集中体现。

四、建设工程项目管理的专业化

现代工程项目投资规模大、应用技术复杂、涉及领域多、工程范围广泛的特点,带来了工程项目管理的复杂性和多变性,对工程项目管理过程提出了更新更高的要求。

因此,专业化的项目管理者或管理组织应运而生。在项目管理专业人士方面,参加并通过IPMP(国际项目管理专业资质认证)和PMP(国际资格认证)考试就是一种形式。在我国工程项目领域的执业咨询工程师、监理工程师、造价工程师、建造师,以及在设计过程中的建设工程师、结构工程师等,都是工程项目管理人才专业化的体现。而专业化的项目管理组织一工程项目(管理)公司是国际工程建设界普遍采用的一种形式。除此之外,工程咨询公司、工程监理公司、工程设计公司等也是专业化组织的体现。可以预见,随着工程项目管理制度与方法的发展,工程管理的专业化水平还会有更显著的提高。

第二节　施工项目管理

施工项目管理是施工企业对施工项目进行有效掌握控制,主要特征包括:一是施工项目管理者是建筑施工企业,它们对施工项目全权负责;二是施工项目管理的对象是施工项目,具有时间控制性,也就是施工项目有运作周期(投标一竣工验收);三是施工项目管理的内容是按阶段变化的。根据建设阶段及要求的变化,管理的内容具有很大的差异;四是施工项目管理要求强化组织协调工作,主要是强化项目管理班子,优选项目经理,科学地组织施工并运用现代化的管理方法。

在施工项目管理的全过程中,为了实现各阶段目标和最终目标,在进行各项活动的过程中,必须加强管理工作。

一、建立施工项目管理组织

1.由企业采用适当的方式选聘称职的施工项目经理。

2.根据施工项目组织原则,选用适当的组织形式,组建施工项目管理机构,明确责任、权利和义务。

3.在遵守企业规章制度的前提下,根据施工项目管理的需要,制定施工项目管理制度。

项目经理作为企业法人代表的代理人,对工程项目施工全面负责,一般不准兼管其他工程,当其负责管理的施工项目临近竣工阶段且经建设单位同意,可以兼任另一项工程的项目管理工作。项目经理通常由企业法定代表人委派或组织招聘等方式确定。项目经理与企业法定代表人之间需要签订工程承包管理合同,明确工程的工期、质量、成本、利润等指标要求和双方的责、权、利以及合同中止处理、违约处罚等项内容。

项目经理以及各有关业务人员组成、人数根据工程规模大小而定。各成员由项目经理聘任或推荐确定,其中技术、经济、财务主要负责人需经企业法定代表人或其授权部门同意。项目领导班子成员除直接受项目经理领导、实施项目管理方案外,还要按照企业规章制度接受企业主管职能部门的业务监督和指导。

项目经理应有一定的职责,如:贯彻执行国家和地方的法律、法规,严格遵守财经制度、加强成本核算,签订和履行"项目管理目标责任书",对工程项目施工进行有效控制等。项目经理应有一定的权力,如参与投标和签订施工合同、用人决策权、财务决策权、进度计划控制权、技术质量决定权、物资采购管理权、现场管理协调权等。项目经理还应获得一定的利益,如物质奖励及表彰等。

二、确定项目经理的地位

项目经理是项目管理实施阶段全面负责的管理者,在整个施工活动中有举足轻重的地位。确定施工项目经理的地位是搞好施工项目管理的关键。

1.从企业内部看,项目经理是施工项目实施过程中所有工作的总负责人,是项目管理的第一责任人。从对外方面来看,项目经理代表企业法定代表人在授权范围内对建设单位直接负责;由此可见,项目经理既要对有关建设单位的成果性目标负责,又要对建筑业企业的效益性目标负责。

2.项目经理是协调各方面关系使其相互紧密协作与配合的桥梁与纽带,要承担合同责任、履行合同义务、执行合同条款、处理合同纠纷、受法律的约束和保护。

3.项目经理是各种信息的集散中心,通过各种方式和渠道收集有关的信息,并运用这些信息,达到控制项目进度与质量的目的,使项目获得成功。

4.项目经理是施工项目责、权、利的主体。这是因为项目经理是项目中人、财物技术信息和管理等所有生产要素的管理人。首先,项目经理是项目的责任主体,是实现项目目标的最高责任者。责任是实现项目经理责任制的核心,它构成了项目经理工作的压力,也是确定项目经理权力和利益的依据。其次,项目经理必须是项目的权力主体。权力是确保项目经理能够承担起责任的条件和手段。如果不具备必要的权力,项目经理就无法对工作负责。项目经理还必须是项目利益的主体。利益是项目经理工作的动力。如果没有一定的利益,项目经理就不愿负相应的责任,难以处理好国家、企业和职工的利益关系。

三、明确项目经理的任职要求

项目经理的任职要求包括执业资格的要求、知识方面的要求、能力方面的要求和素质方面的要求。

(一)执业资格的要求

项目经理的资质分为一级、二级、三级和四级。

1.一级项目经理应担任过一个一级建筑施工企业资质标准要求的工程项目或两

个二级建筑施工企业资质标准要求的工程项目施工管理工作的主要负责人,并已取得国家认可的高级或者中级专业技术职称。

2.二级项目经理应担任过两个工程项目,其中至少一个为二级建筑施工企业资质标准要求的工程项目施工管理工作的主要负责人,并已取得国家认可的中级或初级专业技术职称。

3.三级项目经理应担任过两个工程项目,其中至少一个为三级建筑施工企业资质标准要求的工程项目施工管理工作的主要负责人,并已取得国家认可的中级或初级专业技术职称。

4.四级项目经理应担任过两个工程项目,其中至少一个为四级建筑施工企业资质标准要求的工程项目施工管理工作的主要负责人,并已取得国家认可的初级专业技术职称。

项目经理承担的工程规模应符合相应的项目经理资质等级。一级项目经理可承担一级资质建筑施工企业营业范围内的工程项目管理,二级项目经理可承担二级以下(含二级)建筑施工企业营业范围内的工程项目管理,三级项目经理可承担三级以下(含三级)建筑企业营业范围内的工程项目管理,四级项目经理可承担四级建筑施工企业营业范围内的工程项目管理。

项目经理每两年接受一次项目资质管理部门的复查。项目经理达到上一个资质等级条件的,可随时提出升级的要求。

在过渡期内,大、中型工程项目施工的项目经理逐渐由取得建造师执业资格人员担任,小型工程项目施工的项目经理可由原三级项目经理资质的人员担任。即在过渡期内,凡持有项目经理资质证书或建造师注册证书的人员,经企业聘用均可担任工程项目施工的项目经理。过渡期满后,大、中型工程项目施工的项目经理必须由取得建造师注册证书的人员担任。取得建造师执业资格的人员是否能聘用为项目经理由企业决定。

(二)知识方面的要求

通常项目经理应接受过大专、中专以上相关专业的教育,必须具备专业知识,如土木工程专业或其他专业工程方面的专业,一般应是某个专业工程方面的专家,否则很难被人们接受或很难开展工作。项目经理还应受过项目管理方面的专门培训或再教育,掌握项目管理的知识。作为项目经理需要的广博的知识,能迅速解决工程项目实施过程中遇到的各种问题。

(三)能力方面的要求

项目经理应具备以下几个方面的能力:

1.必须具有一定的施工实践经历和按规定经过一段实践锻炼,特别是对同类项目有成功的经历。对项目工作有成熟的判断能力、思维能力和随机应变的能力。

2.具有很强的沟通能力、激励能力和处理人事关系的能力。项目经理要靠领导艺术、影响力和说服力而不是靠权力和命令行事。

3.有较强的组织管理能力和协调能力。能协调好各方面的关系,能处理好与业主的关系。

4.有较强的语言表达能力,具备谈判技巧。

5.在工作中能发现问题、提出问题,能够从容地处理紧急情况。

(四)素质方面的要求

1.项目经理应注重工程项目对社会的贡献和历史作用。在工作中能注重社会公德,保证社会的利益,严守法律和规章制度。

2.项目经理必须具有良好的职业道德,将用户的利益放在第一位,不牟私利,必须有工作的积极性、热情和敬业精神。

3.具有创新精神,务实的态度,勇于挑战勇于决策,勇于承担责任和风险。

4.敢于承担责任,特别是有敢于承担错误的勇气,言行一致,正直,办事公正、公平,实事求是。

5.能承担艰苦的工作,任劳任怨,忠于职守。

6.具有合作的精神,能与他人共事,具有较强的自我控制能力。

四、明确项目经理的责、权、利

1.项目经理的职责

(1)贯彻执行国家和地方政府的法律制度,维护企业的整体利益和经济利益。法规和政策,执行建筑业企业的各项管理制度。

(2)严格遵守财经制度,加强成本核算,积极组织工程款回收,正确处理国家、企业和项目及单位个人的利益关系。

(3)签订和组织履行"项目管理目标责任书",执行企业与业主签订的"项目承包合同"中由项目经理负责履行的各项条款。

(4)对工程项目施工进行有效控制,执行有关技术规范和标准,积极推广应用新技术、新工艺、新材料和项目管理软件集成系统,确保工程质量和工期,实现安全、文明生产,努力提高经济效益。

(5)组织编制施工管理规划及目标实施措施,组织编制施工组织设计并实施。

(6)根据项目总工期的要求编制年度进度计划,组织编制施工季(月)度施工计划,包括劳动力、材料、构件及机械设备的使用计划,签订分包及租赁合同并严格执行。

(7)组织制定项目经理部各类管理人员的职责和权限、各项管理制度,并认真贯彻执行。

（8）科学地组织施工和加强各项管理工作。做好内、外各种关系的协调，为施工创造优越的施工条件。

（9）做好工程竣工结算，资料整理归档，接受企业审计并做好项目经理部解体与善后工作。

2.项目经理的权力

为保证项目经理完成所担负的任务，必须授予相应的权力。项目经理应当有以下权力：

（1）参与企业进行施工项目的投标和签订施工合同。

（2）用人决策权。项目经理应有权决定项目管理机构班子的设置，选择、聘任班子内成员，对任职情况进行考核监督、奖惩，乃至辞退。

（3）财务决策权。在企业财务制度规定的范围内，根据企业法定代表人的授权和施工项目管理的需要，决定资金的投入和使用，决定项目经理部的计酬方法。

（4）进度计划控制权。根据项目进度总目标和阶段性目标的要求，对项目建设的进度进行检查、调整，并在资源上进行调配，从而对进度计划进行有效的控制。

（5）技术质量决策权。根据项目管理实施规划或施工组织设计，有权批准重大技术方案和重大技术措施，必要时召开技术方案论证会，把好技术决策关和质量关，防止技术上出现决策失误，主持处理重大质量事故。

（6）物资采购管理权。按照企业物资分类和分工，对采购方案、目标、到货要求，以及对供货单位的选择、项目现场存放策略等进行决策和管理。

（7）现场管理协调权。代表公司协调与施工项目有关的内外部关系，有权处理现场突发事件，事后及时报公司主管部门。

3.项目经理的利益

施工项目经理最终的利益是其行使权力和承担责任的结果，也是市场经济条件下责权、利、效相互统一的具体体现。项目经理应享有以下的利益：

（1）获得基本工资、岗位工资和绩效工资。

（2）在全面完成"项目管理目标责任书"确定的各项责任目标，交工验收交结算后，接受企业考核和审计，获得规定的物质奖励之外，还可获得表彰、记功优秀项目经理等荣誉称号和其他精神奖励。

（3）经考核和审计，未完成"项目管理目标责任书"确定的责任目标或造成亏损的，按有关条款承担责任，并接受经济或行政处罚。

项目经理责任制是指以项目经理为主体的施工项目管理目标责任制度，用以确保项目履约，用以确立项目经理部与企业、职工三者之间的责、权、利关系。项目经理开始工作之前由建筑业企业法人或其授权人与项目经理协商、编制"项目管理目标责任书"，双方签字后生效。

项目经理责任制是以施工项目为对象,以项目经理全面负责为前提,以"项目管理目标责任书"为依据,以创优质工程为目标,以求得项目的最佳经济效益为目的,实行的一次性、全过程的管理。

五、发挥项目经理责任制的作用

实行项目管理必须实现项目经理责任制。项目经理责任制是完成建设单位和国家对建筑业企业要求的最终落脚点。因此,必须规范项目管理,通过强化建立项目经理全面组织生产诸要素优化配置的责任、权力、利益和风险机制,更有利于对施工项目、工期、质量、成本、安全等各项目标实施强有力的管理,使项目经理既有动力也有压力,也有法律依据。

项目经理责任制的作用如下:

(1)明确项目经理与企业和职工三者之间的责、权、利、效关系。

(2)有利于运用经济手段强化对施工项目的法制管理。

(3)有利于项目规范化、科学化管理和提高产品质量。

(4)有利于促进和提高企业项目管理的经济效益和社会效益。

项目经理责任制的特点如下:

(1)对象终一性。以工程施工项目为对象,实行施工全过程的全面一次性负责。

(2)主体直接性。在项目经理负责的前提下,实行全员管理,指标考核、标价分离项目核算,确保上缴集约增效、超额奖励的复合型指标责任制。

(3)内容全面性。根据先进、合理、可行的原则,以保证工程质量、缩短工期、降低成本、保证安全和文明施工等各项指标为内容的全过程的目标责任制。

(4)责任风险性。项目经理责任制充分体现了"指标突出、责任明确、利益直接、考核严格"的基本要求。

六、明确项目经理责任制的原则和条件

1.项目经理责任制的原则

实行项目经理责任制有以下原则:

(1)实事求是。实事求是的原则就是从实际出发,做到具有先进性、合理性可行性。不同的工程和不同的施工条件,其承担的技术经济指标不同,不同职称的人员实行不同的岗位责任,不追求形式。

(2)兼顾企业、责任者、职工三者的利益。将企业利益放在首位,维护责任者和职工个人的正当利益,避免人为的分配不公,切实贯彻按劳分配、多劳多得的原则。

(3)责、权、利、效统一。尽到责任是项目经理责任制的目标,以"责"授"权"、以"权"保"责",以"利"激励尽"责"。"效"是经济效益和社会效益,是考核尽"责"水平的

尺度。

(4)重在管理。项目经理责任制必须强调管理的重要性。因为承担责任是手段，效益是目的，管理是动力。没有强有力的管理，"效益"不易实现。

2.项目经理责任制的条件

实施项目经理责任制应具备下列条件：

(1)工程任务落实开工手续齐全、有切实可行的施工组织设计。

(2)各种工程技术资料齐全，劳动力及施工设施已配备，主要原材料已落实并能按计划提供。

(3)有一个懂技术、会管理、敢负责的人才组成的精干、得力的高效的项目管理班子。

(4)赋予项目经理足够的权力，并明确其利益。

(5)企业的管理层与劳务作业层分开。

七、制定项目管理目标责任书

在项目经理开始工作之前，由建筑业企业法定代表人或其授权人与项目经理协商，制定"项目管理目标责任书"，双方签字后生效。

1.编制项目管理目标责任书的依据

(1)项目的合同文件。

(2)企业的项目管理制度。

(3)项目管理规划大纲。

(4)建筑业企业的经营方针和目标。

2.项目管理目标责任书的内容

(1)项目的进度、质量、成本、职业健康安全与环境目标。

(2)企业管理层与项目经理部之间的责任、权力和利益分配。

(3)项目需用的人力、材料、机械设备和其他资源的供应方式。

(4)法定代表人向项目经理委托的特殊事项。

(5)项目经理部应承担的风险。

(6)企业管理层对项目经理部进行奖惩的依据、标准和方法。

(7)项目经理解职和项目经理部解体的条件及办法。

八、发挥项目经理部的作用

项目经理部是施工项目管理的工作班子，置于项目经理的领导之下，在施工项目管理中有以下作用。

1.项目经理部在项目经理的领导下，作为项目管理的组织机构，负责施工项目从开工到竣工的全过程施工生产的管理,是企业在某一工程项目上的管理层,同时对作业层负有管理与服务的双重职能。

2.项目经理部是项目经理的办事机构,为项目经理决策提供信息依据,当好参谋的同时又要执行项目经理的决策意图,向项目经理负责。

3.项目经理部是一个组织体,其作用包括:完成企业所赋予的基本任务—项目管理与专业管理等。要具有凝聚管理人员的力量并调动其积极性,促进管理人员的合作;协调部门之间管理人员之间的关系,发挥每个人的岗位作用;贯彻项目经理责任制,搞好管理;做好项目与企业各部门之间、项目经理部与作业队之间项目经理部与建设单位、分包单位、材料和构件供方等的信息沟通。

4.项目经理部是代表企业履行工程承包合同的主体,对项目产品和业主全面、全过程负责;通过履行合同主体与管理实体地位的影响力,使每个项目经理部都成为市场竞争的成员。

九、明确项目经理部的建立原则

1.要根据所选择的项目组织形式设置项目经理部。不同的组织形式对施工项目管理部的管理力量和管理职责提出了不同的要求,同时也提供了不同的管理环境。

2.要根据施工项目的规模、复杂程度和专业特点设置项目经理部。项目经理部规模大中、小的不同,职能部门的设置相应不同。

3.项目经理部是一个弹性的、一次性的管理组织,应随工程任务的变化而进行调整。工程交工后项目经理部应解体,不应有固定的施工设备及固定的作业队伍。

4.项目经理部的人员配置应面向施工现场,满足施工现场的计划与调度技术与质量成本与核算、劳务与物资、安全与文明施工的需要,而不应设置研究与发展、政工与人事等与项目施工关系较少的非生产性管理部门。

5.应建立有益于组织运转的管理制度。

十、设置项目经理部的机构

项目经理部的部门设置和人员的配置与施工项目的规模和项目的类型有关,要能满足施工全过程的项目管理,成为全体履行合同的主体。

项目经理部一般应建立工程技术部、质量安全部、生产经营、物资(采购)部及综合办公室等。复杂及大型的项目还可设机电部。项目经理部人员由项目经理、生产或经营副经理总工程师及各部门负责人组成。管理人员持证上岗。一级项目部由30~45人组成,二级项目部由20~30人组成,三级项目部由10~20人组成,四级项目部由5~10人组成。

项目经理部的人员实行一职多岗、专多能、全部岗位职责覆盖项目施工全过程的管理,不留死角,以避免职责重叠交叉,同时实行动态管理,根据工程的进展程度,即时调整项目的人员组成。

十一、制定项目经理部的管理制度

项目经理部管理制度应包括以下各项。

1.项目管理人员岗位责任制度。

2.项目技术管理制度。

3.项目质量管理制度。

4.项目安全管理制度。

5.项目计划、统计与进度管理制度。

6.项目成本核算制度。

7.项目材料、机械设备管理制度。

8.项目现场管理制度。

9.项目分配与奖励制度。

10.项目例会及施工日志制度。

11.项目分包及劳务管理制度。

12.项目组织协调制度。

13.项目信息管理制度。

项目经理部自行制定的管理制度应与企业现行的有关规定保持一致。如项目部根据工程的特点环境等实际内容,在明确适用条件、范围和时间后自行制定的管理制度,有利于项目目标的完成,可作为例外批准执行。项目经理部自行制定的管理制度与企业现行的有关规定不一致时,应报送企业或其授权的职能部门批准。

十二、项目经理部的设立步骤和运行

1.项目经理部的设立步骤

(1)根据企业批准的"项目管理规划大纲",确定项目经理部的管理任务和组织形式。

(2)确定项目经理部的层次,设立职能部门与工作岗位。

(3)确定人员、职责、权限。

(4)由项目经理根据"项目管理目标责任书"进行目标分解。

(5)组织有关人员制定规章制度和目标责任考核、奖惩制度。

2.项目经理部的运行

(1)项目经理应组织项目经理部成员学习项目的规章制度,检查执行情况和效果,并应根据反馈信息改进管理。

(2)项目经理应根据项目管理人员岗位责任制度对管理人员的责任目标进行检查、考核和奖惩。

(3)项目经理部应对作业队伍和分包人实行合同管理,并应加强控制与协调。

(4)项目经理部解体应具备下列条件。

1)工程已以竣工验收。

2)与各分包单位已经结算完毕。

3)已协助企业管理层与发包人签订了"工程质量保修书"。

4)"项目管理目标责任书"已经履行完成,经企业管理层审计合格。

5)已与企业管理层办理了有关手续。

6)现场最后清理完毕。

十三、编制施工项目管理规划

施工项目管理规划是对施工项目管理目标组织、内容、方法、步骤、重点进行预测和决策,作出具体安排的纲领性文件。施工项目管理规划的内容主要如下。

1.进行工程项目分解形成施工对象分解体系,以便确定阶段控制目标,从局部到整体地进行施工活动和进行施工项目管理。

2.建立施工项目管理工作体系,绘制施工项目管理工作体系图和施工项目管理工作信息流程图。

3.编制施工管理规划,确定管理点,形成施工组织设计文件,以利于执行。现阶段这个文件便以施工组织设计代替。

十四、进行施工项目的目标控制

施工项目的目标有阶段性目标和最终目标。实现各项目标是施工项目管理的目的所在,因此应坚持以控制论理论为指导,进行全过程的科学控制。

施工项目的控制目标包括进度控制目标、质量控制目标成本控制目标、安全控制目标和施工现场控制目标。

在施工项目目标控制的过程中,会不断受到各种客观因素的干扰,各种风险因素随时可能发生,故应通过组织协调和风险管理,对施工项目目标进行动态控制。

十五、优化配置和动态管理施工项目的生产要素

施工项目的生产要素是施工项目目标得以实现的保证,主要包括劳动力资源、材料、设备、资金和技术(5M)。生产要素管理的内容如下。

1.分析各项生产要素的特点。

2.按照一定的原则方法对施工项目生产要素进行优化配置,并对配置状况进行评价。

3.对施工项目各项生产要素进行动态管理。

十六、加强施工项目的合同管理

由于施工项目管理是在市场条件下进行的特殊交易活动的管理,这种交易活动从投标开始,持续于项目实施的全过程,因此必须依法签订合同。合同管理的好坏直接关系到项目管理及工程施工技术经济效果和目标的实现,因此要严格执行合同条款约定,进行履约经营,保证工程项目顺利进行。合同管理势必涉及国内和国际上有关法规和合同文本、合同条件,在合同管理中应予以高度重视。为了取得更多的经济效益,必须重视索赔,研究索赔方法、策略和技巧。

十七、加强施工项目的信息管理

项目信息管理旨在适应项目管理的需要,为预测未来和正确决策提供依据,提高管理水平。项目经理部应建立项目信息管理系统,优化信息结构,实现项目管理信息化。项目信息包括项目经理部在项目管理过程中形成的各种数据、表格、图纸、文字、音像资料等。项目经理部应负责收集、整理、管理本项目范围内的信息。项目信息收集应随工程的进展进行,保证真实、准确。施工项目管理是一项复杂的现代化的管理活动,要依靠大量信息并对信息进行管理。进行施工项目管理和施工项目目标控制、动态管理,必须依靠计算机项目信息管理系统,获得项目管理所需要的大量信息,并使信息资源共享。另外,要注意信息的收集与储存,使本项目的经验和教训得到记录和保留,为以后的项目管理提供必要的借鉴。

十八、组织协调

组织协调是指以一定的组织形式、手段和方法,对项目管理中产生的关系不畅进行疏通,对产生的干扰和障碍进行排出的活动。

1.协调要依托一定的组织形式的手段。

2.协调要有处理突发事件的机制和应变能力。

3.协调要为控制服务,协调与控制的目的都是保证目标实现。

第三节　建设项目管理模式

建设项目管理模式对项目的规划、控制、协调起着重要的作用。不同的管理模式有不同的管理特点。目前国内外较为常用的建设工程项目管理模式有工程建设指挥部模式、传统管理模式、建筑工程管理模式（CM模式）、设计—采购—建造（EPC）交钥匙模式、BOT（建造—运营—移交）模式、设计—管理模式、管理承包模式、项目管理模式更替型合同模式（NC模式）。其中，工程建设指挥部模式是我国计划经济时期最常采用的模式，在今天的市场经济条件下，仍有相当一部分建设工程项目采用这种模式。国际上通常采用的模式是八大管理模式，在八大管理模式中，最常采用的是传统管理模式。目前世界银行、亚洲开发银行以及国际其他金融组织贷款的建设工程项目，包括采用国际惯例——国际咨询工程师联合会（FIDIC）合同条件的建设工程项目均采用这种模式。

一、工程建设指挥部模式

工程建设指挥部是我国计划经济体制下，大中型基本建设项目管理所采用的一种模式，它主要是以政府派出机构的形式对建设项目的实施进行管理和监督，依靠的是指挥部领导的权威和行政手段，因而在行使建设单位的职能时有较大的权威性，决策指挥直接有效。尤其是有效地解决征地、拆迁等外部协调难题，以及在建设工期要求紧迫的情况下，能够迅速集中力量，加快工程建设进度。但由于工程建设指挥部模式采用纯行政手段来管理技能管理活动，存在着以下弊端。

1.工程建设指挥部缺乏明确的经济责任

工程建设指挥部不是独立的经济实体，缺乏明确的经济责任。政府对工程建设指挥部没有严格、科学的经济约束，指挥部拥有投资建设管理权，却对投资的使用和回收不承担任何责任。也就是说，虽然作为管理决策者，却不承担决策风险。

2.管理水平低，投资效益难以保证

工程建设指挥部中的专业管理人员是从本行业相关单位抽调并临时组成的团队，应有的专业人员素质难以保障。而当他们在工程建设过程中积累了一定经验之后，又随着工程项目的建成而转入其他工程岗位。以后即使是再建设新项目，也要重新组建工程建设指挥部，导致工程建设的管理水平难以提高。

3.忽视了管理的规划和决策职能

工程建设指挥部采用行政管理手段，而不善于利用经济的方式和手段。它着重于工程的实现，而忽视了工程建设投资、进度、质量三大目标之间的对立统一关系。它努力追求工程建设的进度目标，却往往不顾投资效益和对工程质量的影响。

由于这种传统的建设项目管理模式自身的不足，我国工程建设的管理水平和投资效益长期得不到提高，建设投资和质量目标的失控现象也在许多工程中存在。随着我国社会主义市场经济体制的建立和完善，这种管理模式将逐步为项目法人责任制所替代。

二、传统管理模式

传统管理模式又称通用管理模式。采用这种管理模式,业主通过竞争性招标将工程施工的任务发包给或委托给报价合理和最具有履约能力的承包商或工程咨询、工程监理单位,并且业主与承包商、工程师签订专业合同。承包商还可以与分包商签订分包合同。涉及材料设备采购的,承包商还可以与供应商签订材料设备采购合同。

传统管理模式的优点是,由于应用广泛,管理方法成熟,各方对有关程序比较熟悉;可自由选择设计人员,对设计进行完全控制;标准化的合同关系;可自由选择咨询人员;采用竞争性投标。

传统管理模式的缺点是项目周期长,业主的管理费用较高;索赔和变更的费用较高;在明确整个项目的成本之前投入较大。

此外,由于承包商无法参与设计阶段的工作,设计的"可施工性"较差。当出现重大的工程变更时,往往会降低施工的效率,甚至造成工期延误等。

三、建筑工程管理模式(CM模式)

采用建筑工程管理模式,是以项目经理为特征的工程项目管理方式,是从项目开始阶段就由具有设计、施工经验的咨询人员参与到项目实施过程中,以便为项目的设计、施工等方面提供建议。因此,又称"管理咨询方式"。建筑工程管理模式的特点与传统的管理模式相比较,主要优点有以下几个方面。

1.设计深度到位

由于承包商在项目初期(设计阶段)就任命了项目经理,其可以在此阶段充分发挥自己的施工经验和管理技能,协同设计班子的其他专业人员一起做好设计,提高设计质量,因此其设计的"可施工性"好,有利于提高施工效率。

2.缩短建设周期

由于设计和施工可以平行作业,并且设计未结束便开始招标投标,使设计施工等环节得到合理搭接,可以节省时间,缩短工期,可提前运营,提高投资效益。

四、设计—采购—建造(EPC)交钥匙模式

EPC模式是从设计开始,经过招标,委托一家工程公司对"设计—采购—建造"进行总承包,采用固定总价或可调总价合同方式。

EPC模式的优点是有利于实现设计、采购、施工各阶段的合理交叉和融合,提高效率,降低成本,节约资金和时间。

EPC模式的缺点是承包商要承担大部分风险,为减少双方风险,一般均在基础工程设计完成、主要技术和主要设备均已确定的情况下进行承包。

五、BOT模式

BOT模式即建造—运营—移交模式,它是指东道国政府开放本国基础设施建设和运营市场,吸收国外资金、本国私人或公司资金,授给项目公司特许权,由该公司负责融资和组织建设,建成后负责运营及偿还贷款。在特许期满时将工程移交给东道国政府。

作为一种私人融资方式,BOT模式的其优点是,可以开辟新的公共项目资金渠道,弥补政府资金的不足,吸收更多投资者;减轻政府财政负担和国际债务,优化项目,降低成本;减少政府管理项目的负担;扩大地方政府的资金来源,引进外国的先进技术和管理,转移风险。

BOT模式的缺点是,建造的规模比较大,技术难题多,时间长,投资高;东道国政府承担的风险大,较难确定回报率及政府应给予的支持程度,政府对项目的监督、控制难以保证。

第四节　水利工程建设程序

水利工程的建设周期长,施工场面布置复杂,投资金额巨大,对国民经济的影响不容忽视。工程建设必须遵守合理的建设程序,才能顺利地按时完成工程建设任务,并且能够节省投资。

在计划经济时代,水利工程建设一直沿用自建自营模式。在国家总体计划安排下,建设任务由上级主管单位下达,建设资金由国家拨款。建设单位一般是上级主管单位、已建水电站、施工单位和其他相关部门抽调的工程技术人员和工程管理人员临时组建的工程筹备处或工程建设指挥部。在条块分割的计划经济体制下,工程建设指挥部除负责工程建设外,还要平衡和协调各相关单位的关系和利益。工程建成后,工程建设指挥部解散。其中一部分人员转变为水电站运行管理人员,其余人员重新回到原单位。这种体制形成于新中国成立初期。那时候国家经济实力薄弱,建筑材料匮乏,技术人员稀缺。集中财力、物力、人力于国家重点工程,对新中国成立后的经济恢复和繁荣起到了重要作用。随着国民经济的发展和经济体制的转型,原有的这种建设管理模式已经不能适应国民经济的迅速发展,甚至严重阻碍了国民经济的健康发展。

在这个体系中,形成了项目法人责任制、投标招标制和建设监理制三项基本制度。在国家宏观调控下,建立了"以项目法人责任制为主体,以咨询、科研、设计、监理施工、承包体系"的建设项目管理体制。投资主体可以是国资,也可以是民营或合资,充分调动各方的积极性。

项目法人的主要职责是负责组建项目法人在现场的管理机构,负责落实工程建设计划和资金进行管理、检查和监督,负责协调与项目相关的对外关系。工程项目实行招标投标,将建设单位和设计、施工企业推向市场,达到公平交易、平等竞争。通过优胜劣汰,优化社会资源,提高工程质量,节省工程投资。建设监理制度是借鉴国际上通行的工程管理模式。监理为业主提供费用控制、质量控制、合同管理、信息管理、组织协调等服务。在业主授权下,监理对工程参与者进行监督、指导、协调,使工程在法律、法规和合同的框架内进行。

水利工程建设程序一般分为项目建议书、可行性研究、初步设计施工准备(包括投标设计)建设实施生产准备、竣工验收、后评价等阶段。根据国民经济总体要求,项目建议书在流域规划的基础上,提出工程开发的目标和任务,论证工程开发的必要性。可行性研究阶段,对工程进行全面勘测、设计,进行多方案比较,提出工程投资估算,对工程项目在技术上是否可行及经济上是否合理进行科学的论证和分析,提出可行性研究报告。项目评估由上级组织的专家组进行,全面评估项目的可行性和合理性。项目立项后,依顺序进行初步设计技术设计(招标设计)和技施设计,并进行主体工程的实施。工程建成后经过试运行期,即可投产运行。

第五节　水利工程施工组织

一、施工方案、设备的确定

在施工工程的组织设计方案研究中,施工方案的确定和设备及劳动力组合的安排和规划是重要的内容。

(一)施工方案选择原则

在具体施工项目的方案确定时,需要遵循以下几条原则:

1.确定施工方案时尽量选择施工总工期时间短、项目工程辅助工程量小、施工附加工程量小、施工成本低的方案。

2.确定施工方案时尽量选择先后顺序工作之间、土建工程和机电安装之间、各项程序之间互相干扰小、协调均衡的方案。

3.确定施工方案时要确保施工方案选择的技术先进、可靠。

4.确定施工方案时着重考虑施工强度和施工资源等因素,保证施工设备、施工材料、劳动力等需求之间处于均衡状态。

(二)施工设备及劳动力组合选择原则

在确定劳动力组合的具体安排以及施工设备的选择时,施工单位要尽量遵循以下几条原则:

1.施工设备选择原则

施工单位在选择和确定施工设备时要注意遵循以下原则：

（1）施工设备尽可能地符合施工场地条件符合施工设计和要求，并能保证施工项目保质保量地完成。

（2）施工项目工程设备要具备机动、灵活、可调节的性质，并且在使用过程中能达到高效低耗的效果。

（3）施工单位要事先进行市场调查，以各单项工程的工程量、工程强度、施工方案等为依据，确定何时的配套设备。

（4）尽量选择通用性强，可以在施工项目的不同阶段和不同工程活动中反复使用的设备。

（5）应选择价格较低，容易获得零部件的设备，尽量保证设备便于维护、维修、保养。

2.劳动力组合选择原则

施工单位在选择和确定劳动力组合时要注意遵循以下原则。

（1）劳动力组合要保证生产能力可以满足施工强度要求。

（2）施工单位需要事先进行调查研究，确保劳动力组合能满足各个单项工程的工程量和施工强度。

（3）在选择配套设备的基础上，要按照工作面、工作班制、施工方案等确定最合理的劳动力组合，混合劳动力工种，实现劳动力组合的最优化。

二、主体工程施工方案

水利工程涉及多工种，其中主体工程施工主要包括地基处理、混凝土施工、碾压式土石坝施工等。而各项主体施工还包括多项具体工程项目。本部分重点介绍在进行混凝土施工和碾压式土石坝施工时，施工组织设计方案的选择应遵循的原则。

（一）混凝土施工方案选择原则

混凝土施工方案选择主要包括混凝土主体施工方案选择、浇筑设备确定、模板选择、坝体选择等内容。

1.混凝土主体施工方案选择原则

在进行混凝土主体施工方案确定时，施工单位应该注意以下原则：

（1）混凝土施工过程中，生产、运输、浇筑等环节要保证衔接的顺畅和合理。

（2）混凝土施工的机械化程度要符合施工项目的实际需求，保证施工项目按质按量完成，并且能在一定程度上促进工程工期和进度的加快。

（3）混凝土施工方案要保证施工技术先进，设备配套合理，生产效率高。

（4）混凝土施工方案要保证混凝土可以得到连续生产，并且在运输过程中尽可能减少中转环节,缩短运输距离,保证温控措施可控、简便。

(5)混凝土施工方案要保证混凝土在初期、中期以及后期的浇筑强度可以得到平衡的协调。

(6)混凝土施工方案要保证混凝土施工和机电安装之间存在的相互干扰尽可能少。

2.混凝土浇筑设备选择原则

混凝土浇筑设备的选择要考虑多方面的因素,比如混凝土浇筑程序能否适应工程强度和进度各期混凝土浇筑部位和高程与供料线路之间能否平衡协调,等等。具体来说,在选择混凝土浇筑设备时,应注意以下几条原则:

(1)混凝土浇筑设备的起吊设备能保证对整个平面和高程上的浇筑部位形成控制。

(2)保持混凝土浇筑主要设备型号统一,确保设备生产效率稳定、性能良好,其配套设备能发挥主要设备的生产能力。

(3)混凝土浇筑设备要能在连续的工作环境中保持稳定地运行,并具有较高的利用效率。

(4)混凝土浇筑设备于工程项目中在不需要完成浇筑任务的间隙,可以承担起模板、金属构件、小型设备等的吊运工作。

(5)混凝土浇筑设备不会因为压块导致施工工期的延误。

(6)混凝土浇筑设备的生产能力要在满足一般生产的情况下,尽可能满足浇筑高峰期的生产要求。

(7)混凝土浇筑设备应该具有保证混凝土质量的保障措施。

3.模板选择原则

在选择混凝土模板时,施工单位应当注意以下原则:

(1)模板的类型要符合施工工程结构物的外形轮廓,便于操作。

(2)模板的结构形式应该尽可能标准化、系列化,保证模板便于制作、安装、拆卸。

(3)在有条件的情况下,应尽量选择混凝土或钢筋混凝土模板。

4.坝体接缝灌浆设计原则

在坝体的接缝灌浆时应注意考虑以下几个方面:

(1)接缝灌浆应该发生在灌浆区及以上部位达到坝体稳定温度时,在采取有效措施的基础上,混凝土的保质期应该长于4个月。

(2)在同一坝缝内的不同灌浆分区之间的高度应该为10~15m。

(3)要根据双曲拱坝施工期来确定封拱灌浆高程,以及浇筑层顶面间的限定高度差值。

(4)对空腹坝进行封顶灌浆,火堆受气温影响较大的坝体进行接缝灌浆时,应尽可能采用坝体相对稳定且温度较低的设备进行。

(二)碾压式土石坝施工方案选择原则

在进行碾压式土石坝施工方案选择时,要事先对工程所在地的气候、自然条件进行调查,搜集相关资料统计降水气温等多种因素的信息,并分析它们对碾压式土石坝材料的影响程度。

1.碾压式土石坝料场规划原则

在确定碾压式土石坝的料场时,应注意遵循以下原则:

(1)碾压式土石坝料场的料物物理学性质要符合碾压式土石坝坝体的用料要求,尽可能保证物料质地的统一。

(2)料场的物料应相对集中存放,总储量要保证能满足工程项目的施工要求。

(3)碾压式土石坝料场要保证有一定的备用料区,并保留一部分料场以供坝体合龙和抢拦洪高时使用。

(4)以不同的坝体部位为依据,选择不同的料场进行使用,避免不必要的坝料加工。

(5)碾压式土石坝料场最好具有剥离层薄便于开采的特点,并且应尽量选择获得坝料效率较高的料场。

(6)碾压式土石坝料场应满足采集面开阔、料场运输距离短的要求,并且周围应存在足够的废料处理场。

(7)碾压式土石坝料场应尽量少地占用耕地或林场。

2.碾压式土石坝料场供应原则

碾压式土石坝料场的供应应当遵循以下原则:

(1)碾压式土石坝料场的供应要满足施工项目的工程和强度需求。

(2)碾压式土石坝料场的供应要充分利用开挖渣料,通过高料高用、低料低用等措施保证料物的使用效率。

(3)尽量使用天然砂石料用作垫层、过滤和反滤,在附近没有天然砂石料的情况下,再选择人工料。

(4)应尽可能避免料物的堆放,如果避免不了,就将堆料场安排在坝区上坝道路上,并保证防洪、排水等系列措施的跟进。

(5)碾压式土石坝料场的供应尽可能减少料物和弃渣的运输量,保证料场平整,防止水土流失。

3.土料开采和加工处理要求

在进行土料开采和加工处理时,要注意满足以下要求:

(1)以土层厚度、土料物理学特征、施工项目特征等为依据,确定料场的主次并进行区分开采。

（2）碾压式土石坝料场土料的开采加工能力应能满足坝体填筑强度的需求。

（3）要时刻关注碾压式土石坝料场天然含水量的高低，一旦出现过高或过低的状况，要采用一定的具体措施加以调整。

（4）如果开采的土料物理力学特性无法满足施工设计和施工要求，那么应选择对采用人工砾质土的可能性进行分析。

（5）对施工场地、料场输送线路、表土堆存场等进行统筹规划，必要情况下还需对还耕进行规划。

4.坝料上坝运输方式选择原则

在选择坝料上坝运输方式的过程中，要考虑运输量、开采能力、运输距离、运输费用、地形条件等多方面因素，具体来说，要遵循以下原则：

（1）坝料上坝运输方式要能满足施工项目填筑强度的需求。

（2）坝料上坝的运输在过程中不能和其他物料混掺，以免污染和降低料物的物理力学性能。

（3）各种坝料应尽量选用相同的上坝运输方式和运输设备。

（4）坝料上坝使用的临时设备应具有设施简易、便于装卸、装备工程量小的特点。

（5）坝料上坝尽量选择中转环节少、费用较低的运输方式。

5.施工上坝道路布置原则

施工上坝道路的布置应遵循以下原则：

（1）施工上坝道路的各路段要能满足施工项目坝料运输强度的需求，并综合考虑各路段运输总量使用期限运输车辆类型和气候条件等多项因素，最终确定施工上坝的道路布置。

（2）施工上坝道路要能兼顾当地地形条件，保证运输过程中不出现中断的现象。

（3）施工上坝道路要能兼顾其他施工运输，如施工期过坝运输等，尽量与永久公路相结合。

（4）在限制运输坡长的情况下，施工上坝道路的最大纵坡不能大于15%。

6.碾压式土石坝施工机械配套原则

确定碾压式土石坝施工机械的配套方案时应遵循以下原则：

（1）确定碾压式土石坝施工机械的配套方案要能在一定程度上保证施工机械化水平的提升。

（2）各种坝面作业的机械化水平应尽可能保持一致。

（3）碾压式土石坝施工机械的设备数量应该以施工高峰时期的平均强度进行计算和安排，并适当留有余地。

第六节　水利工程进度控制

一、概念

水利水电建设项目进度控制是指对水电工程建设各阶段的工作内容工作秩序、持续时间和衔接关系。根据进度总目标和资源的优化配置原则编制计划,将该计划付诸实施,在实施的过程中经常检查实际进度是否按计划要求进行,对出现的偏差分析原因,采取补救措施或调整修改原计划,直到工程竣工验收交付使用。进度控制的最终目的是确保项目进度目标的实现,水利水电建设项目进度控制的总目标是建设工期。

水利水电建设项目的进度受许多因素的影响,项目管理者需事先对影响进度的各种因素进行调查,预测他们对进度可能产生的影响,编制可行的进度计划,指导建设项目按计划实施。然而,在计划执行过程中必然会出现新的情况,难以按照原定的进度计划执行。这就要求项目管理者在计划的执行过程中,掌握动态控制原理,不断进行检查,将实际情况与计划安排进行对比,找出偏离计划的原因,特别是找出主要原因,然后采取相应的措施。措施的确定有两个前提:一是通过采取措施,维持原计划,使其正常实施;二是采取措施后不能维持原计划,要对进度进行调整或修正,再按新的计划实施。这样不断计划、执行、检查、分析、调整计划的动态循环过程,就是进度控制。

二、影响进度因素

水利工程建设项目由于实施内容多、工程量大、作业复杂、施工周期长及参与施工单位多等特点,影响进度的因素很多,主要可归为人为因素,技术因素,项目合同因素,资金因素,材料、设备与配件因素,水文、地质、气象及其他环境因素,社会因素,一些难以预料的偶然突发因素等。

三、工程项目进度计划

工程项目进度计划可分为进度控制计划、财务计划、组织人事计划、供应计划、劳动力使用计划、设备采购计划、施工图设计计划、机械设备使用计划、物资工程验收计划等。其中,工程项目进度控制计划是编制其他计划的基础,其他计划是进度控制计划顺利实施的保证。施工项目进度计划是施工组织设计的重要组成部分,并规定了工程施工的顺序和速度。水利工程项目施工进度计划主要有两种:一是总进度计划,即对整个水利工程编制的计划,要求写出整个工程中各个单项工程的施工顺序和起止日期及主体工程施工前的准备工作和主体工程完工后的结尾工作的施工期限;二是单项工程进度计划,即对水利枢纽工程中主要工程项目,如大坝、水电站等组成部分进行编制的计划,写出单项工程施工的准备工作项目和施工期限,要求进一步从施工方法和技术供应等条件论证施工进度的合理性和可靠性,研究加快施工进度和降低工程成本的具体方法。

四、进度控制措施

进度控制的措施主要包括组织措施、技术措施、合同措施、经济措施和信息措施。

1.组织措施包括落实项目进度控制部门的人员、具体控制任务和职责分工;项目分解、建立编码体系;确定进度协调工作制度,包括协调会议的时间、人员等;对影响进度目标实现的干扰和风险因素进行分析。

2.技术措施是指采用先进的施工工艺、方法等,以加快施工进度。

3.合同措施主要包括分段发包提前施工以及合同期与进度计划的协调等。

4.经济措施是指保证资金供应。

5.信息管理措施主要是指通过计划进度与实际进度的动态比较,收集有关进度的信息。

第三章　水利工程建设主体的质量责任与质量检验

水利工程部分划分为建筑工程、机电设备及安装工程、金属结构设备及安装工程、施工临时工程和独立费用五个部分,每个部分下设三个等级项目。本章主要对水利工程建设主体的质量责任、质量检验等进行详细的讲解。

第一节　水利工程项目的划分

一、水利工程项目的组成

(一)建筑工程

1.枢纽工程

枢纽工程是指水利枢纽建筑物、大型泵站、大型拦河水闸和其他大型独立建筑物(含引水工程的水源工程)。枢纽工程包括挡水工程、泄洪工程、引水工程、发电厂(泵站)工程、升压变电站工程、航运工程、鱼道工程、交通工程、房屋建筑工程、供电设施工程和其他建筑工程。其中,挡水工程等前七项为主体建筑工程。

(1)挡水工程包括挡水的各类坝(闸)工程。

(2)泄洪工程包括溢洪道、泄洪洞、冲沙孔(洞)、防空洞、泄洪闸等工程。

(3)引水工程包括发电引水明渠、进水口、隧洞、调压井、高压管道等工程。

(4)发电厂(泵站)工程包括地面、地下各类发电厂(泵站)工程。

(5)升压变电站工程包括升压变电站、开关站等工程。

(6)航运工程包括上下游引航道、船闸、升船机等工程。

(7)鱼道工程根据枢纽建筑物的布置情况,可独立列项。与拦河坝相结合的,也可作为拦河坝工程的组成部分。

(8)交通工程包括上坝、进厂、对外等场内外永久公路,以及桥梁、交通隧道、铁路、码头等工程。

(9)房屋建筑工程包括为生产运行服务的永久性辅助生产建筑、仓库、办公用房、值班宿舍及文化福利建筑等房屋建筑工程和室外工程。

（10）供电设施工程指工程生产运行供电需要架设的输电线路及变配电设施工程。

（11）其他建筑工程包括：安全监测设施工程，照明线路，通信线路，厂坝（闸、泵站）区供水、供热、排水等公用设施，劳动安全与工业卫生设施，水文、泥沙监测设施工程，水情自动测报系统工程以及其他。

2.引水工程

引水工程是指供水工程，调水工程和灌溉工程。引水工程包括渠（管）道工程、建筑物工程、交通工程、房屋建筑工程、供电设施工程和其他建筑工程。

（1）渠（管）道工程包括明渠、输水管道工程，以及渠（管）道附属小型建筑物（如观测测量设施、调压减压设施、检修设施）等。

（2）建筑物工程指渠系建筑物、交叉建筑物工程，包括泵站、水闸、渡槽、隧洞、箱涵（暗渠）、倒虹吸、跌水、动能回收电站、调蓄水库、排水涵（槽）、公路（铁路）交叉（穿越）建筑物等。建筑物类别根据工程设计确定，工程规模较大的建筑物可以作为一级项目单独列示。

（3）交通工程指永久性对外公路、运行管理维护道路等工程。

3.河道工程

河道工程是指堤防修建与加固工程、河湖整治工程以及灌溉工程。河道工程包括河湖整治与堤防工程、灌溉及田间渠（管）道工程、建筑物工程、交通工程、房屋建筑工程、供电设施工程和其他建筑工程。

（1）河湖整治与堤防工程包括堤防工程、河道整治工程、清淤疏浚工程等。

（2）灌溉及田间渠（管）道工程包括明渠、输配水管道、排水沟（渠、管）、渠（管）道附属小型建筑物（如观测测量设施、调压减压设施、检修设施）、田间土地平整等工程。

（3）建筑物工程包括：水闸、泵站工程，田间工程机井、灌溉塘坝工程等。

（4）交通工程指永久性对外公路、运行管理维护道路等工程。

（5）房屋建筑工程包括为生产运行服务的永久性辅助生产建筑、仓库、办公用房、值班宿舍及文化福利建筑等房屋建筑工程和室外工程。

（6）供电设施工程指工程生产运行供电需要架设的输电线路及变配电设施工程。

（二）机电设备及安装工程

1.枢纽工程

枢纽工程指构成枢纽工程固定资产的全部机电设备及安装工程。本部分由发电设备及安装工程、升压变电设备及安装工程和公用设备及安装工程三项组成。大型泵站和大型拦河水闸的机电设备及安装工程项目的划分参考引水工程及河道工程划分方法。

（1）发电设备及安装工程包括水轮机、发电机、主阀、起重机、水力机械辅助设备、电气设备等设备及安装工程。

（2）升压变电设备及安装工程包括主变压器、高压电气设备、一次拉线等设备及安装工程。

（3）公用设备及安装工程包括：通信设备，通风采暖设备，机修设备，计算机监控系统，工业电视系统，管理自动化系统，全厂接地及保护网，电梯，坝区馈电设备，厂坝区供水、排水、供热设备，水文、泥沙监测设备，水情自动测报系统设备，视频安防监控设备，安全监测设备，消防设备，劳动安全与工业卫生设备，交通设备等设备以及安装工程。

2. 引水工程及河道工程

引水工程及河道工程指构成该工程固定资产的全部机电设备及安装工程，一般由泵站设备及安装工程、水闸设备及安装工程、电站设备及安装工程、供变电设备及安装工程和公用设备及安装工程五项组成。

（1）泵站设备及安装工程包括水泵、电动机、主阀、起重设备、水力机械辅助设备、电气设备等设备及安装工程。

（2）水闸设备及安装工程包括电气一次设备及电气二次设备及安装工程。

（3）电站设备及安装工程的组成内容可参照枢纽工程的发电设备及安装工程和升压变电设备及安装工程。

（4）供变电设备及安装工程包括供电、变配电设备及安装工程。

（5）公用设备及安装工程包括：通信设备，通风采暖设备，机修设备，计算机监控系统，工业电视系统，管理自动化系统，全厂接地及保护网，厂坝（闸、泵站）区供水、排水、供热设备，水文、泥沙监测设备，水情自动测报系统设备，视频安防监控设备，安全监测设备，消防设备，劳动安全与工业卫生设备，交通设备等设备以及安装工程。

灌溉田间工程还包括首部设备及安装工程、田间灌水设施及安装工程等。

（1）首部设备及安装工程包括过滤、施肥、控制调节、计量等设备及安装工程等。

（2）田间灌水设施及安装工程包括田间喷灌、微灌等全部灌水设施及安装工程。

（三）金属结构设备及安装工程

金属结构设备及安装工程指构成枢纽工程、引水工程和河道工程固定资产的全部金属结构设备及安装工程，包括闸门、启闭机、拦污设备、升船机等设备及安装工程，水电站（泵站等）压力钢管制作及安装工程和其他金属结构设备及安装工程。金属结构设备及安装工程的一级项目应与建筑工程的一级项目相对应。

（四）施工临时工程

施工临时工程指为辅助主体工程施工所必须修建的生产和生活用临时性工程，其组成内容如下。

1. 施工导流工程。施工导流工程包括导流明渠、导流洞、施工围堰、蓄水期下游断流补偿设施、金属结构设备及安装工程等。

2.施工交通工程。施工交通工程包括施工现场内外为工程建设服务的临时交通工程,如公路、铁路、桥梁、施工支洞、码头、转运站等。

3.施工场外供电工程。施工场外供电工程包括从现有电网向施工现场供电的高压输电线路(枢纽工程35kV及以上等级,引水工程、河道工程10kV及以上等级,掘进机施工专用供电线路)、施工变(配)电设施设备(场内除外)工程。

4.施工房屋建筑工程。施工房屋建筑工程指工程在建设过程中建造的临时房屋,包括:施工仓库,办公及生活、文化福利建筑及所需的配套设施工程。

5.其他施工临时工程。其他施工临时工程指除施工导流、施工交通、施工场外供电、施工房屋建筑、缆机平台、掘进机泥水处理系统和管片预制系统土建设施以外的施工临时工程,主要包括施工供水(大型泵房及干管)、砂石料系统、混凝土搅拌和浇筑系统、大型机械安装拆卸、防汛、防冰、施工排水、施工通信等工程。根据工程实际情况可单独列示缆机平台、掘进机泥水处理系统和管片预制系统土建设施等项目。(施工排水指基坑排水、河道降水等,包括排水工程建设及运行费)

(五)独立费用

独立费用由以下六项组成。

1.建设管理费。

2.工程建设监理费。

3.联合试运转费。

4.生产准备费,包括生产及管理单位提前进厂费、生产职工培训费、管理用具购置费、备品备件购置费、工器具及生产家具购置费。

5.科研勘测设计费,包括工程科学研究试验费和工程勘测设计费。

6.其他费用,包括工程保险费、其他税费。

上述(一)、(二)、(三)部分均为永久性工程,均构成生产运行单位的固定资产。(四)部分为施工临时工程的全部投资扣除回收价值后。(五)部分为独立费用,扣除流动资产和递延资产后,均以适当的比例摊入各永久工程中,构成固定资产的一部分。

二、水利工程项目划分

根据水利工程性质,其工程项目分别按枢纽工程、引水工程和河道工程划分,工程各部分下设一级、二级、三级项目。

1.一级项目

一级项目是指具有独立功能的单项工程,相当于扩大单位工程。

(1)枢纽工程下设的一级项目有挡水工程、泄洪工程、引水工程、发电厂(泵站)工程、升压变电站工程、航运工程、鱼道工程、交通工程、房屋建筑工程、供电设施工程和其他建筑工程。

（2）引水工程下设的一级项目为渠（管）道工程、建筑物工程、交通工程、房屋建筑工程、供电设施工程和其他建筑工程。

（3）河道工程下设的一级项目为河湖整治与堤防工程、灌溉工程及田间工程、建筑物工程、交通工程、房屋建筑工程、供电设施工程和其他建筑工程。

编制概估算时视工程具体情况设置项目，一般应按项目划分的规定来设置项目，不宜合并。

2.二级项目

二级项目相当于单位工程。例如，枢纽工程一级项目中的挡水工程，其二级项目划分为混凝土坝（闸）、土（石）坝等工程。引水工程一级项目中的建筑物工程，其二级项目划分为泵站（扬水站、排灌站）、水闸工程、渡槽工程、隧洞工程。河道工程一级项目中的建筑物工程，其二级项目划分为水闸工程、泵站工程（扬水站、排灌站）和其他建筑物。

3.三级项目

三级项目相当于分部分项工程。例如，上述二级项目下设的三级项目为土方开挖、石方开挖、混凝土、模板、防渗墙、钢筋制安、混凝土温控措施、细部结构工程等。三级项目要按照施工组织设计提出的施工方法进行单价分析。

二级、三级项目中，仅列示了代表性子目，编制概算时，二级、三级项目可根据水利工程初步设计阶段的工作深度要求对工程情况进行增减。以三级项目为例，下列项目宜做必要的再划分。

（1）土方开挖工程。土方开挖工程应将土方开挖与砂砾石开挖分列。

（2）石方开挖工程。石方开挖工程应将明挖与暗挖，平洞与斜井、竖井分列。

（3）土石方回填工程。土石方回填工程应将土方回填与石方回填分列。

（4）混凝土工程。混凝土工程应将不同工程部位、不同强度等级、不同级配的混凝土分列。

（5）模板工程。模板工程应将不同规格形状和材质的模板分列。

（6）砌石工程。砌石工程应将干砌石、浆砌石、抛石、铅丝（钢筋）笼块石等分列。

（7）钻孔工程。钻孔工程应按使用不同的钻孔机械及钻孔的不同用途分列。

（8）灌浆工程。灌浆工程应按不同的灌浆种类分列。

（9）机电、金属结构设备及安装工程机电、金属结构设备及安装工程应根据设计提供的设备清单，按分项要求逐一列出。

（10）钢管制作及安装工程。钢管制作及安装工程应将不同管径的钢管、叉管分列。

对于招标工程，应根据已批准的初步设计概算，按水利水电工程业主预算的项目划分进行业主预算(执行概算)的编制。

4.水利工程项目划分的注意事项

(1)现行的项目划分适用于估算、概算和施工图预算。对于招标文件和业主预算,要根据工程分标及合同管理的需要调整项目划分。

(2)建筑安装工程三级项目的设置深度除应满足《水利工程设计概(估)算编制规定》的规定外,还必须与所采用定额相一致。

(3)对有关部门提供的工程量和预算资料,应按项目划分和费用构成正确处理。如施工临时工程,按其规模、性质,有的应在第四部分"施工临时工程"第一项至第四项中单独列项,有的包括在"其他施工临时工程中"不单独列项,还有的包括在建筑安装工程直接费中的其他直接费内。

(4)注意设计单位的习惯与概算项目划分的差异。如施工导流用的闸门及启闭设备大多由金属结构设计人员提供,但应列在(四)部分"施工临时工程"内,而不是(三)部分"金属结构"内。

第二节 水利工程建设主体的质量责任

《中华人民共和国建筑法》和《建设工程质量管理条例》规定,建筑工程项目的建设单位、勘查单位、设计单位、施工单位、工程监理单位都要依法对建筑工程质量负责。

一、建设单位的质量责任

1.建设单位应当将工程发包给具有相应资质等级的单位,并不得将建设工程肢解发包。

2.建设单位应当依法对工程建设项目的勘查、设计、施工、监理以及与工程建设有关的重要设备、材料等的采购进行招标。

3.建设单位必须向有关的勘查、设计、施工、工程监理等单位提供与建设工程有关的原始资料。原始资料必须真实、准确、齐全。

4.建设工程发包单位不得迫使承包方以低于成本的价格竞标;不得任意压缩合理工期;不得明示或者暗示设计单位或者施工单位违反工程建设强制性标准,降低建设工程质量。

5.建设单位应当将施工图设计文件报县级以上人民政府建设行政主管部门或者其他有关部门审查。施工图设计文件未经审查批准的,不得使用。

6.实行监理的建设工程,建设单位应当委托具有相应资质等级的工程监理单位进行监理。

7.建设单位在领取施工许可证或者开工报告前,应当按照国家有关规定办理工程质量监督手续。

8.按照合同约定,由建设单位采购建筑材料、建筑构配件和设备的,建设单位应当保证建筑材料、建筑构配件和设备符合设计文件和合同要求。建设单位不得明示或者暗示施工单位使用不合格的建筑材料、建筑构配件和设备。

9.涉及建筑主体和承重结构变动的装修工程,建设单位应当在施工前委托原设计单位或者具有相应资质等级的设计单位提出设计方案;没有设计方案的,不得施工。房屋建筑使用者在装修过程中,不得擅自变动房屋建筑主体和承重结构。

10.建设单位收到建设工程竣工报告后,应当组织设计、施工、工程监理等有关单位进行竣工验收。建设工程经验收合格后,方可交付使用。

11.建设单位应当严格按照国家有关档案管理的规定,及时收集、整理建设项目各环节的文件资料,建立健全建设项目档案,并在建设工程竣工验收后,及时向建设行政主管部门或者其他有关部门移交建设项目档案。

二、勘查、设计单位的质量责任

1.从事建设工程勘查、设计的单位应当依法取得相应等级的资质证书,在其资质等级许可的范围内承揽工程,并不得转包或者违法分包所承揽的工程。

2.勘查、设计单位必须按照工程建设强制性标准进行勘查、设计,并对其勘查、设计的质量负责。注册建筑师、注册结构工程师等注册执业人员应当在设计文件上签字,对设计文件负责。

3.勘查单位提供的地质、测量、水文等勘查成果必须真实、准确。

4.设计单位应当根据勘查成果文件进行建设工程设计。设计文件应当符合国家规定的设计深度要求,注明工程合理使用年限。

5.设计单位在设计文件中选用的建筑材料、建筑构配件和设备,应当注明规格、型号、性能等技术指标,其质量要求必须符合国家规定的标准。除有特殊要求的建筑材料、专用设备、工艺生产线等外,设计单位不得指定生产厂、供应商。

6.设计单位应当就审查合格的施工图设计文件向施工单位作出详细说明。

7.设计单位应当参与建设工程质量事故分析,并对由设计造成的质量事故,提出相应的技术处理方案。

三、施工单位的质量责任

1.施工单位应当依法取得相应等级的资质证书,在其资质等级许可的范围内承揽工程,并不得转包或者违法分包工程。

2.施工单位对建设工程的施工质量负责。施工单位应当建立质量责任制,确定工程项目的项目经理、技术负责人和施工管理负责人。建设工程实行总承包的,总承包单位应当对全部建设工程质量负责;建设工程勘查、设计、施工、设备采购的一项或者多项实行总承包的,总承包单位应当对其承包的建设工程或者采购设备的质量负责。

3.总承包单位依法将建设工程分包给其他单位的,分包单位应当按照分包合同的约定对其分包工程的质量向总承包单位负责,总承包单位与分包单位对分包工程的质量承担连带责任。

4.施工单位必须按照工程设计图纸和施工技术标准施工,不得擅自修改工程设计,不得偷工减料。施工单位在施工过程中发现设计文件和图纸有差错的,应当及时提出意见和建议。

5.施工单位必须按照工程设计要求、施工技术标准和合同约定,对建筑材料、建筑构配件、设备和商品混凝土进行检验,检验应当有书面记录和专人签字;未经检验或者检验不合格的,不得使用。

6.施工单位必须建立健全施工质量的检验制度,严格工序管理,做好隐蔽工程的质量检查和记录。隐蔽工程在隐蔽前,施工单位应当通知建设单位和建设工程质量监督机构。

7.施工人员对涉及结构安全的试块、试件以及有关材料,应当在建设单位或者工程监理单位的监督下现场取样,并送具有相应资质等级的质量检测单位进行检测。

8.施工单位对施工中出现质量问题的建设工程或者竣工验收不合格的建设工程,应当负责返修。

9.施工单位应当建立健全教育培训制度,加强对职工的教育培训;未经教育培训或者考核不合格的人员,不得上岗作业。

四、工程监理单位的质量责任

1.工程监理单位应当依法取得相应等级的资质证书,在其资质等级许可的范围内承担工程监理业务,并不得转让工程监理业务。

2.工程监理单位与被监理工程的施工承包单位以及建筑材料、建筑构配件和设备供应单位有隶属关系或者其他利害关系的,不得承担该项建设工程的监理业务。

3.工程监理单位应当依照法律、法规以及有关技术标准、设计文件和建设工程承包合同,代表建设单位对施工质量实施监理,并对施工质量承担监理责任。

4.工程监理单位应当选派具备相应资格的总监理工程师和监理工程师进驻施工现场。未经监理工程师签字,建筑材料、建筑构配件和设备不得在工程上使用或者安装,施工单位不得进行下一道工序的施工。未经总监理工程师签字,建设单位不得拨付工程款,不得进行竣工验收。

5.监理工程师应当按照工程监理规范的要求,采取旁站、巡视和平行检验等形式,对建设工程实施监理。

第三节　水利工程施工的质量检验

一、施工质量检验规定

(一)基本规定

1.承担工程检测业务的检测单位应具有水行政主管部门颁发的资质证书。其设备和人员的配备应与所承担的任务相适应,有健全的管理制度。

2.工程施工质量检验中所使用的计量器具、试验仪器仪表及设备,应定期进行检定,并具备有效的检定证书。国家规定需强制检定的计量器具应经县级以上计量行政部门认定的计量检定机构或其授权设置的计量检定机构进行检定。

3.检测人员应熟悉检测业务,了解被检测对象的性质和所用仪器设备的性能,经考核合格后,持证上岗。参与中间产品及混凝土(砂浆)试件质量资料复核的人员应具有工程师以上工程系列技术职称,并从事过相关试验工作。

4.工程质量检验项目和数量应符合《水利水电工程施工质量评定表》的规定。

5.工程质量检验数据应真实可靠,检验记录及签证应完整齐全。

6.工程项目中如遇"水利水电工程施工质量评定表"尚未涉及项目的质量评定标准,其质量标准及评定表格,由项目法人组织监理、设计施工单位按水利部有关规定进行编制和报批。

7.工程中永久性房屋、专用公路、专用铁路等项目的施工质量检验与评定可按相应行业标准执行。

8.项目法人、监理、设计、施工和工程质量监督等单位根据工程建设需要,可委托具有相应资质等级的水利水电工程质量检测单位进行工程质量检测。施工单位自检性质的委托检测项目及数量,按"水利水电工程施工质量评定表"及施工合同执行。对已建工程质量有重大分歧时,应由项目法人委托第三方具有相应资质等级的质量检测单位进行检测,检测数量视需要确定,检测费用由责任方承担。

9.对涉及工程结构安全的试块、试件及有关材料,应实行见证取样。见证取样资料由施工单位制备,记录应真实齐全,参与见证取样人员应在相关文件上签字。

10.工程中出现检查不合格的项目时,应按以下规定进行处理。

(1)原材料中间产品,一次抽样检验不合格时应及时对同一取样批次,另取2倍数量进行检验,如仍不合格则该批次原材料或中间产品应为不合格,不得使用。

(2)单元(工序)工程质量不合格时,应按合同要求进行处理或返工重做,并经重新检验且合格后方可进行后续工程施工。

(3)混凝土(砂浆)试件取样检验不合格时,应委托具有相应资质等级的质量检测单位对相应工程部位进行检验;如仍不合格,由项目法人组织有关单位进行研究,并提出处理意见。

(4)工程完工后的质量抽检不合格或其他检验不合格的工程,应按有关规定进行处理,合格后才能进行验收或后续工程施工。

11.堤防工程竣工验收前,项目法人应委托具有相应资质等级的质量检测单位进行抽样检测,工程质量抽检项目和数量由工程质量监督机构确定。

12.水利水电工程质量检验与评定工作是参建各方(其中主要是施工单位、监理单位和项目法人)的职责,工程质量监督机构承担监督职责。

13.根据工程项目划分的要求,分别对单元工程施工、分部工程施工、单位工程施工的工程质量评定按下列要求进行。

(1)单元工程施工质量评定,应在实体质量检验合格的基础上,由施工单位自行进行,并由终检人员签字后报监理单位复核,由监理签证认可。

(2)分部工程施工质量评定,由施工单位质量检验(简称质检)部门自评等级,质检负责人签字盖公章后,报监理单位复核,由总监理工程师审查签字盖公章,报质量监督机构核定。

(3)单位工程施工质量评定,由施工单位质检部门自评等级,质检负责人、项目经理审查签字、盖公章后,报监理单位复核,由总监理工程师签字、盖公章,报质量监督机构核定。

(4)监理单位在复核单位工程施工质量时,除应检查工程现场外,还应对施工原始记录、质量检验记录等资料进行查验,必要时可进行实体质量抽检。工程施工质量评定表应明确记载监理单位对工程施工质量的评定及复核意见。单位工程施工质量检验资料核查要填写核查表并签字盖章。

(5)单位工程完工后,由项目建设单位组织监理设计、施工、管理运行等单位组成外观质量评定组,进行外观质量等级复核。参加人员应具有工程师及其以上的技术职称,评定组人员不少于5人且为单数。

(6)重要隐蔽工程,应在施工单位自评、监理单位复核合格后,由监理单位组织项目管理、设计施工等单位进行联合验收签证。

(二)必备条件

施工质量检验必须具备以下条件。

1.要具有一定的检验技术力量。在质量检验人员中应配有一定比例的、具有一定理论水平和实践经验或经专业考核获取检验资格的骨干人员。

2.要建立一套严密的科学管理制度。这些制度包括质量检验人员岗位责任制、检验工程质量责任制、检验人员技术考核和培训制度、检验设备管理制度、检验资料管理制度检验报告编写及管理制度等。

要建立完善的质量检验制度和相应的机构。如果施工单位质量检验的制度、结构、手段和条件不具备、不完善或"三检"不严,则势必导致施工单位自检的质量低下,工程质量得不到保证。要有满足检验工作要求的检验手段。施工单位应建立现场实验室,具备满足要求的检测仪器设备。

3.有适宜的检验条件。

(1)进行质量检验的工作条件,如实验室、场地、作业面和保证安全的手段等。

(2)保证检验质量的技术条件,如照明、空气温度、湿度、防尘、防震等。

(3)质量检验评价条件,主要是指合同中写明的进行质量检验和评价所依据的技术标准。

(三)检验步骤

质量检验是质量控制的一个重要过程,一般包括如下步骤。

1.检验前的准备

(1)确定检验的项目及质量要求。根据工程施工技术标准规定的质量特性及相关内容,明确检验的项目及各项目的质量要求。

(2)选择检验方法。根据被检验项目的质量特性,确定检验方法,选择适合检验要求的计量器具及相应的仪器设备,做好检验前的准备工作。

2.测量或试验

按已确定的检验方法,对产品的质量特性进行量测或试验,检验员必须按规定要求进行操作,以取得正确、有效的数据。

3.记录

采用标准格式,准确记录测量或试验获取的数据。同时,要记录检验的条件、日期内容,由检验人员签名,作为客观的质量证据加以保存。

4.比较和判定

将检验的结果与标准规定的质量要求进行比较,从而判断施工质量是否符合规定的要求。

5.确认及处理

对检验的记录和判定的结果进行签字确认,作出放行或另行处置的决定。对合格品放行,并及时转入下道工序;对不合格品进行返工、返修处置。

(四)检验方式和方法

1.施工质量检验的主要方式

(1)自我检验

自我检验简称自检,即施工班组和作业人员的自我质量检验。这种检验包括随时检测和一个单元(工序)工程完成后提交验收前的全面自检。这样做可以使质量偏差及时得到纠正,持续改进和调整作业方法,保证工序质量始终处于受控状态。全面自检可以保证单元(工序)工程施工质量的一次交验合格。

（2）相互检验

相互检验简称互检，即相同工种、相同施工条件的作业组织和作业人员，在实施同一施工任务时相互间的质量检验，对质量水平的提高有积极的作用。

（3）专业检验

专业检验简称专检，即专职质量管理人员的专业查验，也是一种施工企业质量管理部门对现场施工质量的检查方式之一。只有经过专检合格的施工成果才能提交监理人员检查验收。

（4）交接检验

交接检验即前后工序或施工过程中专业之间进行施工交接时的质量检查，如厂房土建工程完工后，机电设备安装前必须进行施工质量的交接检验。通过施工质量交接检验，可以排查上道工序的质量隐患，也有利于控制后道工序的质量，形成层层设防的质量保证链。

《建筑工程施工质量验收统一标准》规定："相关各专业工种之间应进行交接检验，并形成记录。未经监理工程师(建设单位技术负责人)检查认可，不得进行下道工序施工。"

2.施工质量检验的方法

（1）目测法

目测法，即用观察、触摸等感观方式所进行的检查，实际检查中人们把其归纳为"看""摸""敲""照"的检查操作方法。

（2）量测法

量测法，即使用测量器具进行具体的量测，获得质量特性数据，分析判断质量状况及其偏差情况的检查方式，实际检查中人们把其归纳为"量""靠""吊""套"的检查操作方法。

（3）试验法

试验法，即使用试验仪器设备所进行的检查。有些质量特性数据必须通过试验才能获得，如钢筋的物理力学性能检验，混凝土抗压、抗冻、强度指标的检验等。

（五）合同内和合同外的质量检验

1.合同内的质量检验

合同内的质量检验是指合同文件中作出明确规定的质量检验，包括工序、材料、设备、成品等的检验。监理工程师要求的任何合同内的质量检验，无论检验结果如何，监理工程师均不为此负任何责任。施工单位承担质量检验的有关费用。

2.合同外的质量检验

合同外的质量检验是指下列任何一种情况的检验：合同中未曾指明或规定的检

验;合同中虽已指明或规定,但监理工程师要求在现场以外其他任何地点进行的检验;要求在被检验的材料、工程设备的制造、装备或准备地点以外的任何地点进行的质量检验等。

合同外的质量检验应分为两种情况来区分责任:如果检验表明施工单位的操作工艺、工程设备、材料没有按照合同规定,达不到监理工程师的要求,则其检验费用及由此带来的一切其他后果(如工期延误等),应由施工单位负担;如果属于其他情况,则监理工程师应在与业主和施工单位协商之后,施工单位有获得延长工期的权利,以及应在合同价格中增加有关费用的权利。

尽管监理工程师有权决定是否进行合同外质量检验,但应慎重。

例如,监理工程师有权决定对已覆盖的部位进行检验。根据FIDIC合同条件,监理工程师有权随时对施工单位的施工工序进行抽验,没有监理工程师的批准,工程的任何部分均不得覆盖。施工单位应保证监理工程师有充分的机会,对将覆盖或无法查看工程的任何部分进行检查和测量,以及对工程的任何部分的覆盖物或在其内或贯穿其中开孔,并将该部分恢复原状和使之完好。

对于已覆盖的工程任何部分,在监理工程师抽查时可能出现以下两种情况。

(1)如果任何部分是根据监理工程师的要求已经覆盖或掩蔽,监理工程师仍然可以要求施工单位移去覆盖物进行检查,施工单位不得拒绝。然而,如果监理工程师检查的结果证明其施工符合合同要求,则监理工程师应在及时与业主和承包商协商之后,确定承包商由于剥落,在其内或贯穿其中开孔、恢复原状和使之完好所开支的费用总额,并应将此总额增加在合同价格中。监理工程师应将此情况相应地通知施工单位同时将一份副本呈交业主。

(2)如果抽查的结果证明已覆盖的工程任何部分质量不合格,则所有的费用均应由承包商承担。

(六)两类质量检验点

从理论上讲,应该要求监理工程师对施工全过程的所有施工工序和环节,都能实施检验,以保证施工的质量。然而,在工程实践中有时难以做到这一点。为此,监理工程师应在工程开工前,根据质量检验对象的重要程度,将质量检验对象区分为质量检验见证点和质量检验待验点,并实施不同的操作程序,下面分别作介绍。

1.质量检验见证点

见证点是指施工单位在施工过程中达到这一类质量检验点时,应事先书面通知监理工程师到现场见证,观察和检查承包商的实施过程。然而,在监理工程师接到通知后未能在约定时间到场的情况下,施工单位有权继续施工。

例如,在生产建筑材料时,施工单位应事先书面通知监理工程师对采石场的石质筛分进行见证。当生产过程的质量较为稳定时,监理工程师可以到场见证,也可以不到场见证,施工单位在监理工程师不到场的情况下可继续生产,但需做好详细的施工记录,供监理工程师随时检查。在混凝土生产过程中,监理工程师不一定对每一次拌和都到场检验混凝土的温度、坍落度、配合比等指标,而可以由承包商自行取样,并做好详细的测试记录,供监理工程师检查。而在混凝土强度等级改变或发现质量不稳定时,监理工程师可以要求承包商事先书面通知监理工程师到场检查,否则不得开拌。此时,这种质量检验点就成了待验点。

质量检验见证点的实施程序如下:

步骤一,施工或安装单位在到达某一质量检验点(见证点)之前24 h,书面通知监理工程师,说明何日何时到达该见证点,要求监理工程师届时到场见证。

步骤二,监理工程师应注明收到见证通知的日期并签字。

步骤三,如果在约定的见证时间监理工程师未能到场见证,施工单位有权进行该项施工或安装工作。

步骤四,如果在此之前,监理工程师根据对现场的检查写明了意见,在监理工程师意见的旁边,施工单位应写明根据上述意见已经采取的改正行动或者某些具体意见。

监理工程师到场见证时,应仔细观察检查该质量检验点的实施过程,在见证表上详细说明见证的建筑物名称、部位、工作内容、工时、质量等情况,并签字。该见证表还可用作施工单位进度款支付申请的凭证之一。

2.质量检验待验点

对于某些更为重要的质量检验点,必须在监理工程师到场监督、检查的情况下施工单位才能进行检验,这种质量检验点称为待验点。

例如,在混凝土工程中,由基础面或混凝土施工缝处理模板、钢筋、止水、伸缩缝和坝体排水管及混凝土浇筑等工序构成混凝土单元工程,其中每一道工序都应由监理工程师进行检查认证,每一道工序检验合格后才能进入下一道工序。根据施工单位以往的施工情况,有的可能在模板架立上容易发生漏浆或模板走样事故,有的可能在混凝土浇筑方面经常出现问题。此时,就可以选择模板架立或混凝土浇筑作为待验点,承包商必须事先书面通知监理工程师,并在监理工程师到场进行检查监督的情况下才能进行施工。

又如,在隧洞开挖中,当采用爆破掘进时,钻孔的布置、深度、角度、炸药量、填塞深度、起爆间隔时间等爆破要素,对开挖的效果有很大影响,特别是在遇到如断层、夹层破碎带的情况下,正确的施工方法以及支护对施工安全关系极大。此时,应该将钻孔的检查和爆破要素的检查定为待验点,每一道工序必须通过监理工程师的检查确认。

从广义上讲,隐蔽工程覆盖前的验收和混凝土工程开仓前的检验,也可以认为是待验点。

待验点和见证点执行程序的不同，就在于步骤三，即如果在到达待验点时，监理工程师未能到场，施工单位不得进行该项工作。事后监理工程师应说明未能到场的原因，然后双方约定新的检查时间。

根据 FIDIC 条件，无论何时，当工程的任何部分或基础已经或将做好检查准备时，施工单位应通知监理工程师，除监理工程师认为检查并不必要，并相应地通知施工单位外，监理工程师应参加工程的此类检查和测量或此类基础的检查，且不得无故拖延。

见证点和待验点的设置，是监理工程师对工程质量进行检验的一种行之有效的方法。这些检验点应根据施工单位的施工技术力量、工程经验、具体的施工条件、环境、材料、机械等各种因素的情况选定。各施工单位的这些因素不同，见证点或待验点也就不同。

有些检验点在施工初期，施工单位对施工过程还不太熟悉，工程质量还不稳定时可以定为待验点，而当施工单位已较熟练地掌握施工过程的内在规律、工程质量较稳定时，又可以改为见证点。某些质量检验点对于一个施工单位可能是待验点，而对于另一个施工单位可能是见证点。

（七）质量检验职责范围

1.永久性工程施工质量检验是工程质量检验的主体与重点，施工单位必须按照"水利水电工程施工质量评定表"进行全面检验，并将实测结果如实写在相应表格中。永久性工程（包括主体工程及附属工程）施工质量检验应符合下列规定。

（1）施工单位应根据工程设计的要求、施工技术标准和合同约定，结合"水利水电工程施工质量评定表"的规定确定检验项目及数量并进行三检，三检过程应有书面记录，同时结合自检情况如实填写在相应表格中。

（2）监理单位应根据"水利水电工程施工质量评定表"和抽样检测结果复核工程质量。其平行检测和跟踪检测的数量按《水利工程建设项目施工监理规范》或合同执行。

（3）项目法人应对施工单位自检和监理单位抽检过程进行监督检查，并报工程质量监督机构核备、核定的工程质量等级进行认定。

2.施工单位应坚持三检制。一般情况下，由班组进行自检，施工单位的施工队进行复检，项目经理部专职质检机构进行终检。监理单位应按照《水利工程建设项目施工监理规范》中的规定对施工质量进行抽样检测。

3.工程质量监督机构应对项目法人、监理、勘测、设计、施工单位以及工程其他参建单位的质量行为和工程结构质量进行监督检查。

(八)质量检验内容

质量检验包括施工准备检查,原材料与中间产品质量检验,水工金属结构、启闭机及机电产品质量检查,单元(工序)工程质量检验,质量事故检查和质量缺陷备案,工程外观质量检验等。

1.施工准备检查。主体工程开工前,施工单位应组织人员进行施工准备检查,并经项目法人或监理单位确认合格且履行相关手续后,才能进行主体工程施工。

2.原材料与中间产品质量检验和水工金属结构、启闭机及机电产品质量检查。施工单位应按"水利水电工程施工质量评定表"及有关技术标准对水泥、钢材等原材料与中间产品质量进行检验,并报监理单位复核。不合格产品,不得使用。水工金属结构、启闭机及机电产品进场后,有关单位应按有关合同进行交货检查和验收。安装前,施工单位应检查产品是否有出厂合格证、设备安装说明书及有关技术文件,对在运输和存放过程中发生的变形、受潮、损坏等问题应做好记录,并进行妥善处理。无出厂合格证或不符合质量标准的产品不得用于工程。

3.单元(工序)工程质量检验。施工单位应按"水利水电工程施工质量评定表"检验工序及单元工程质量,做好书面记录,在自检合格后,填写"水利水电工程施工质量评定表"报监理单位复核。监理单位根据抽检等资料核定单元(工序)工程质量等级。发现不合格单元(工序)工程,应该要求施工单位及时进行处理,合格后才能进行后续工程施工。对施工中的质量缺陷应书面记录备案,进行必要的统计分析,并在相应单元(工序)工程质量评定表的"评定意见"栏内注明。

4.质量事故检查和质量缺陷备案。施工单位应及时将原材料、中间产品及单元(工序)工程质量检验结果报监理单位复核,并应按月将施工质量情况报送监理单位,由监理单位汇总分析后报项目法人和工程质量监督机构。

5.工程外观质量检验。单位工程完工后,项目法人组织监理、设计、施工、质量监督及工程运行管理等单位组成工程外观质量评定组,现场进行工程外观质量检验评定,并将评定结论报工程质量监督机构核定。参加工程外观质量评定的人员应具有工程师以上技术职称或相应执业资格。评定组人数应不少于5人,大型工程宜不少于7人。

二、计量与数据处理

(一)计量单位与单位制

1.量与量值

量是现象、物体或物质的可定性区别和定量确定的一种属性。其具有两个特性:一是可测,二是可用数学形式表明其物理含义。

计量学中的量,都是指可以测量的量。一般意义的量包括长度、温度、电流等,特定的量包括某根棒的长度,通过某条导线的电流等,可相互比较并按大小排序的量称为同种量。若干同种量合在一起可称为同类量,如功、热、能。

量值一般是由一个数乘以测量单位所表示的特定量的大小。例如:5.34m 或 534cm,15 kg,10s,−40℃。

量的大小和量值的概念是有区别的。任意一个量,相对来说其大小是不变的,是客观存在的,但其量值将随单位的不同而不同;量值只是在一定单位下表示其量大小的一种表达形式。例如,1 m=1000 mm,单位不同,同一物体可以得到不同的量值,但其量本身的大小并无变化。量的纯数部分,即量值与单位的比值称为量的数值。

对于不能由一个数乘以测量单位所表示的量,可以参照约定参考标尺,或参照测量程序,或两者都参照的方式表示。约定参考标尺是针对某种特定量,约定或规定的一组有序的、连续的或离散的量值,用作该种量按大小排序的参考,如洛氏硬度标尺、化学中的 pH 标尺等。

2.量制与量纲

量制是指彼此间存在确定关系的一组量,即在特定科学领域中的基本量和相应导出量的特定组合,一个量制可以有不同的单位制。

量纲以给定量制中基本量的幂的乘积表示该量制中某量的表达式,其数字系数为1。

3.计量单位与单位制

计量单位是指为定量表示同种量的大小而约定的定义和采用的特定量。同类的量纲必然相同,但相同量纲的量未必同类。

单位制为给定量制按给定规则确定的一组基本单位和导出单位。

4.国际单位制

国际单位制是在米制基础上发展起来的一种一贯单位制。国际单位制包括SI单位、SI词头、SI单位的倍数和分数单位三部分。

按国际上的规定,国际单位制的基本单位辅助单位、具有专门名称的导出单位以及直接由以上单位构成的组合形式的单位(系数为1)都称为SI单位。它们有主单位的含义,并构成一贯单位制。

国际上规定的表示倍数和分数单位的16个词头,称为SI词头。它们用于构成SI单位的十进倍数和分数单位,但不得单独使用。质量的十进倍数和分数单位由SI词头加在"克"的前面构成。

(1)国际单位制的构成

国际单位制的构成如下:

$$国际单位制\begin{cases}SI单位\begin{cases}SI基本单位\\SI导出单位,其中21个有专门的名称和符号\end{cases}\\SI单位的倍数和分数单位\end{cases}$$

（2）国际单位制的优越性

国际单位制的优越性包括严格的统一性、简明性、实用性以及澄清了某些量与单位的概念。

5.中华人民共和国法定计量单位

我国的法定计量单位是以国际单位制为基础,根据我国的实际情况,适当地增加了一些其他单位而构成的。

（1）法定计量单位的定义与内容

1）法定计量单位是政府以法令的形式,明确规定在全国范围内采用的计量单位。

2）中华人民共和国法定计量单位包括：国际单位制的基本单位,国际单位制的辅助单位,国际单位制中具有专门名称的导出单位,国家选定的非国际单位制单位,由以上单位构成的组合形式的单位,由词头和以上单位所构成的十进倍数和分数单位。

（2）法定计量单位的使用规则

1）法定计量单位名称。

①计量单位的名称,一般是指它的中文名称,用于叙述性文字和口述,不得用于公式、数据表、图、刻度盘等处。

②组合单位的名称与其符号表示的顺序一致,遇到除号时,读为"每"字,例如：J/(mol·K)的名称应为"焦耳每摩尔开尔文",书写时亦应如此,不能加任何图形和符号,不要与单位的中文符号相混。

③乘方形式的单位名称,例如：m^4的名称应为"四次方米",而不是"米四次方";用长度单位米的二次方或三次方表示面积或体积时,其单位名称为"平方米"或"立方米",否则仍应为"二次方米"或"三次方米";$℃^{-1}$的名称为"每摄氏度",而不是"负一次方摄氏度";s^{-1}的名称应为"每秒"。

2）法定计量单位符号。

①计量单位的符号分为单位符号（国际通用符号）和单位的中文符号（单位名称的简称）。后者便于在知识水平不高的场合下使用,一般推荐使用单位符号。十进制单位符号应置于数据之后。单位符号按其名称或简称读,不得按字母读音。

②单位符号一般用正体小写字母书写,但是以人名命名的单位符号,第一个字母必须正体大写。"升"的符号"l",可以用大写字母"L"。单位符号后,不得附加任何标记,也没有复数形式。

（二）数据处理

1.算术平均值与最小二乘法原理

（1）算术平均值

算术平均值表示为

$$\bar{x} = \frac{1}{n}\sum_{i=1}^{n} x_i$$

当计量次数 n 足够大时，系列计量值的算术平均值趋近于真值，并且 n 越大算术平均值越趋近于真值。

（2）最小二乘法的基本原理

在一系列等精度计量的计量值中，最佳值是使所有计量值的误差平方和最小的值。对于等精度计量的一系列计量值来说，它们的算术平均值即最佳值。

2.有效数字及其运算规则

（1）有效数字

为取得准确的分析结果，不仅要准确测量，而且要正确记录与计算。所谓正确记录是指记录数字的位数。因为数字的位数不仅表示数字的大小，也反映测量的准确程度。所谓有效数字，就是实际能测得的数字。

有效数字保留的位数，应根据分析方法与仪器的准确度来确定，一般测得的数值中只有最后一位是可疑的。

因此，所谓有效数字就是保留末一位不准确数字，其余数字均为准确数字。同时，从上面的例子也可以看出，有效数字与仪器的准确度有关，即有效数字不仅表明数量的大小，而且反映测量的准确度。

（2）有效数字中"0"的意义

"0"在有效数字中有两种意义：一种是作为数字定值，另一种是有效数字。

（三）数据表示

测量的目的是求得被计量的量的真值。由于计量中存在误差，人们不可能得到被计量的量的真值，而只能得到真值的近似值。在提出计量结果报告时，应该说明计量值与真值相近似的程度。因此，表示分析结果的基本要求就是要明确地表示在一定灵敏度下真值的置信区间。

置信区间越窄，表示计量值越接近真值。置信区间的大小直接依赖计量的精密度与准确度。因此，应该而且必须给出计量精密度与准确度这两项指标。但要全面评价一个计量结果，仅给出这两项指标是不够的，还必须指明获得这样的计量精密度与准确度所付出的代价，即通过多少次计量才得到这样的精密度与准确度。精密度、准确度和计量次数是三个基本参数，三者缺一不可。

三、施工质量评定

(一)合格标准

1.合格标准是工程验收标准。不合格工程必须进行处理且达到合格标准后,才能进行后续工程施工或验收。水利水电工程施工质量等级评定的主要依据有:国家及相关行业技术标准,《单元工程评定标准》,经批准的设计文件施工图纸、金属结构设计图样与技术条件、设计修改通知书、厂家提供的设备安装说明书及有关技术文件;工程承发包合同中约定的技术标准,工程施工期及试运行期的试验和观测分析成果。

2.单元(工序)工程施工质量评定标准按照《单元工程评定标准》或合同约定的合格标准执行。当达不到合格标准时,应及时处理。处理后的质量等级按下列规定重新确定:全部返工重做的,可重新评定质量等级;经加固补强并经设计和监理单位鉴定能达到设计要求时,其质量评为合格;处理后的工程部分质量指标仍达不到设计要求时,经设计复核,项目法人及监理单位确认能满足安全和使用功能要求,可不再进行处理;或经加固补强后,改变了外形尺寸或造成工程永久性缺陷的,经项目法人、监理单位及设计单位确认能基本满足设计要求,其质量可定为合格,但应按规定进行质量缺陷备案。

3.分部工程施工质量同时满足下列标准时,其质量评定为合格:所含单元工程的质量全部合格,质量事故及质量缺陷已按要求处理,并经检验合格;原材料、中间产品及混凝土(砂浆)试件质量全部合格,金属结构及启闭机制造质量合格,机电产品质量合格。

4.单位工程施工质量同时满足下列标准时,其质量评为合格:所含分部工程质量全部合格;质量事故已按要求进行处理;工程外观质量得分率达到70%以上;单位工程施工质量检验与评定资料基本齐全;工程施工期及试运行期,单位工程观测资料分析结果符合国家和行业技术标准以及合同约定的标准要求。外观质量得分率按下式计算,小数点后保留一位:

$$单位工程外观质量得分=实得分/应得分×100\%$$

5.工程项目施工质量同时满足下列标准时,其质量评定为合格:单位工程质量全部合格;工程施工期及试运行期,各单位工程观测资料分析结果均符合国家和行业技术标准以及合同约定的标准要求。

(二)优良标准

1.优良等级是为工程项目质量创优而设置的。

2.单元工程施工质量优良标准应按照《单元工程评定标准》以及合同约定的优良标准执行。全部返工重做的单元工程,经检验达到优良标准时,可评为优良等级。

3.分部工程施工质量同时满足下列标准时,其质量评为优良:所含单元工程质量全部合格,其中70%以上达到优良等级,重要隐蔽单元工程和关键部位单元工程质量优良率达90%以上,且未发生过质量事故;中间产品质量全部合格,混凝土(砂浆)试件质量达到优良等级(当试件组数小于30时,试件质量合格)。原材料质量、金属结构及启闭机制造质量合格,机电产品质量合格。

4.单位工程施工质量同时满足下列标准时,其质量评为优良:所含分部工程质量全部合格,其中70%以上达到优良等级,主要分部工程质量全部优良,且施工中未发生过较大质量事故;质量事故已按要求进行处理;外观质量得分率达到85%以上;单位工程施工质量检验与评定资料齐全;工程施工期及试运行期,单位工程观测资料分析结果符合国家和行业技术标准以及合同约定的标准要求。

5.工程项目施工质量同时满足下列标准时,其质量评为优良:单位工程质量全部合格,其中70%以上单位工程质量达到优良等级,且主要单位工程质量全部优良;工程施工期及试运行期,各单位工程观测资料分析结果均符合国家和行业技术标准以及合同约定的标准要求。

(三)质量评定工作的组织

1.单元(工序)工程质量在施工单位自评合格后,由监理工程师核定质量等级并签证认可。

2.重要隐蔽单元工程及关键部位单元工程质量经施工单位自评合格、监理单位抽检后,由项目法人(或委托监理)、监理、设计、施工、工程运行管理(施工阶段已经有时)等单位组成联合小组,共同检查核定其质量等级并填写签证表,报工程质量监督机构核备。

3.分部工程质量,在施工单位自评合格后,由监理单位复核,项目法人认定。分部工程验收的质量结论由项目法人报工程质量监督机构核备。大型枢纽工程主要建筑物分部工程验收的质量结论由项目法人报工程质量监督机构核定。

4.单位工程质量,在施工单位自评合格后,由监理单位复核,项目法人认定。单位工程验收的质量结论由项目法人报工程质量监督机构核定。

5.工程项目质量,在单位工程质量评定合格后,由监理单位进行统计并评定工程项目质量等级,经项目法人认定后,报工程质量监督机构核定。

6.阶段验收前,工程质量监督机构应提交工程质量评价意见。

7.工程质量监督机构应按有关规定在工程竣工验收前提交工程质量监督报告,工程质量监督报告应当有工程质量是否合格的明确结论。

第四章 水利工程施工质量控制

水利工程施工的质量控制主要包括混凝土工程、钢筋工程、模板工程、土方及堤防工程、渠道工程、砌体工程以及地基处理几个方面的质量控制。

第一节 混凝土工程施工质量控制

一、对原材料的质量控制要点

1. 水泥

（1）水泥品质应符合现行的国家标准及有关部颁标准的规定。

（2）大型水工建筑物所用的水泥，可根据具体情况对水泥的矿物成分等提出专门要求。每一工程所用水泥品种以1~2种为宜，并宜固定厂家供应。有条件时，应优先采用散装水泥。

（3）选择水泥品种的原则如下：

1）水位变化区的外部混凝土、建筑物的溢流面和经常受水流冲刷部位的混凝土、有抗冻要求的混凝土，应优先选用硅酸盐大坝水泥和硅酸盐水泥，或普通硅酸盐大坝水泥和普通硅酸盐水泥。

2）环境对混凝土有硫酸盐侵蚀性时，应选用抗硫酸盐水泥。

3）大体积建筑物的内部混凝土、位于水下的混凝土和基础混凝土，宜选用中热硅酸盐水泥或低热矿渣硅酸盐大坝水泥，也可选用矿渣硅酸盐水泥、粉煤灰硅酸盐水泥和火山灰质硅酸盐水泥。

（4）选用水泥强度等级的原则如下：

1）选用的水泥强度等级应与混凝土设计强度等级相适应。

2）水工混凝土选用的水泥强度等级不低于42.5。建筑物外部水位变化区、溢流面和经常受水流冲刷部位的混凝土，以及受冰冻作用其抗冻等级大于F100的混凝土，其水泥强度等级不宜低于52.5。

（5）运至工地的水泥，应有制造厂的品质试验报告；试验室必须进行复验，必要时还应进行化学分析。

(6)应经常检查了解工地水泥运输、保管和使用情况。水泥的运输、保管及使用，应符合下列要求：

1)水泥的品种、强度等级不得混杂。

2)运输过程中应防止水泥受潮。

3)大中型工程应专设水泥仓库或储罐，水泥仓库宜设置在较高或干燥地点并应有排水、通风措施。

4)堆放袋装水泥时，应设防潮层，距地面、边墙至少30cm，堆放高度不得超过15袋。

5)袋装水泥到货后，应标明品种、强度等级、厂家、出厂日期，分别堆放，并留出运输通道。

6)散装水泥应及时倒罐，一般可1个月倒罐一次。

7)先到的水泥应先用。

8)袋装水泥储运时间超过3个月，散装水泥储运时间超过6个月，使用前应重新检验。

9)对大坝中、低热水泥的技术要如下。

①水泥熟料中的铝酸三钙含量，中热水泥不超过6%，低热水泥不超过8%；中热水泥熟料的硅酸三钙含量不超过55%；水泥熟料中氧化镁含量应在3.5%~5.0%内，如水泥经压蒸合格，可放宽至6%；中热水泥熟料中游离氧化钙含量不超过1%，低热水泥熟料中含量不超过1.2%；中热水泥碱含量以 Na_2O 当量计，不超过0.6%；中热水泥熟料中碱含量以 Na_2O 当量计，不超过0.5%；低热水泥熟料碱含量以 Na_2O 当量计，不超过1.0%；水泥中的 SO_3 含量不超过3.5%。

②细度：0.08mm方孔筛筛余不超过12%，水泥细度小，早期发热快，不利于温控，若有温控要求，细度宜控制在3%~6%内。

③凝结时间：初凝不早于60min，终凝不迟于12h。

④水泥安定性必须合格。

⑤对水泥的强度要求：中热42.5水泥抗压强度3天为12.0MPa，7天为22.0MPa，28天为42.5MPa；抗折强度3天为3.0MPa，7天为4.5MPa，28天为6.5MPa。低热42.5水泥抗压强度7天为13.0MPa，28天为42.5MPa；抗折强度天为3.5MPa，28天为6.5MPa。

⑥对水泥水化热的要求：中热42.5水泥3天水化热不超过251kJ/kg，7天不超过293kJ/kg；低热42.5水泥3天水化热不超过230kJ/kg，7天不超过260kJ/kg。

2.骨料

(1)骨料应根据优质条件、就地取材的原则进行选择。可选用天然骨料、人工骨料,或两者互相补充。有条件的地方,宜采用石灰岩质的人工骨料。

(2)骨料的勘查按照《水利水电工程天然建筑材料勘查规程》的有关规定进行。

(3)冲洗、筛分骨料时,应控制好筛分进料量、冲洗水压和用水量、筛网的孔径与倾角等,以保证各级骨料的成品质量符合要求,尽量减少细砂流失。

在人工砂的生产过程中,应保持进料粒径、进料量及料浆浓度的相对稳定性,以便控制人工砂的细度模数及石粉含量。

(4)骨料的堆存和运输应符合下列要求:

1)堆存骨料的场地,应有良好的排水设施。

2)不同粒径的骨料必须分别堆存,设置隔离设施,严禁相互混杂。

3)应尽量减少转运次数。粒径大于40mm的粗骨料的净自由落差不宜大于3m,超过时应设置缓降设备。

4)骨料堆存时,不宜堆成斜坡或锥体,以防产生分离。

5)骨料储仓应有足够的数量和容积,并应维持一定的堆料厚度。砂仓的容积、数量还应满足砂料脱水的要求。

6)应避免泥土混入骨料和骨料的严重破碎。

(5)砂料的质量技术要求如下:

1)砂料应质地坚硬、清洁、级配良好;使用山砂、特细砂时,应经过试验论证。

2)砂的细度模数宜在2.4~2.8范围内。天然砂料宜按料径分成两级,人工砂可不分级。

3)砂料中有活性骨料时,必须进行专门试验论证。

(6)粗骨料的质量技术要求如下:

1)粗骨料的最大粒径:不应超过钢筋净间距的2/3及构件断面最小边长的1/4,素混凝土板厚的1/2。对少筋或无筋结构,应选用较大的粗骨料粒径。

2)施工中,宜将粗骨料按粒径分成下列几个粒径级:当最大粒径为40mm时,分成5~20mm和20~40mm两级;当最大粒径为80mm时,分成5~20、20~40mm和40~80mm三级;当最大粒径为150(或120)mm时,分成5~20、20~40、40~80mm和80~150(或120)mm四级。

3)应严格控制各级骨料的超、逊径含量。以原孔筛检验,其控制标准:超径小于5%,逊径小于10%。当以超、逊径筛检验时,其控制标准:超径为0,逊径小于2%。

4)采用连续级配或间断级配,应由试验确定。如采用间断级配,应注意混凝土运输中骨料的分离问题。

5)粗骨料中含有活性骨料、黄锈等,必须进行专门试验论证。

6)粗骨料力学性能的要求和检验,可按《普通混凝土用碎石或卵石质量标准及检验方法》的有关规定进行。

3.掺合料

(1)为改善混凝土的性能,合理降低水泥用量,宜在混凝土中掺入适量的活性掺合料,掺用部位及最优掺量应通过试验决定。

(2)非成品原状粉煤灰的品质指标:烧失量不得超过12%,干灰含水量不得超过1%,SO_3(水泥和粉煤灰总量中的)不得超过3.5%,0.08mm方孔筛筛余量不得超过12%。

注:成品粉煤灰的品质指标应按《用于水泥混凝土中的粉煤灰》的有关规定执行。

4.外加剂

(1)为改善混凝土的性能,提高混凝土的质量及合理降低水泥用量,必须在混凝土中掺加适量的外加剂,其掺量通过试验确定。

(2)拌制混凝土或水泥砂浆常用的外加剂有减水剂、加气剂、缓凝剂、速凝剂和早强剂等。应根据施工需要,对混凝土性能的要求及建筑物所处的环境条件,选择适当的外加剂。

(3)有抗冻要求的混凝土必须掺用加气剂,并严格限制水灰比。

(4)混凝土的含气量宜采用下列数值:骨料最大粒径为20mm时6%,骨料最大粒径为40mm时5%,骨料最大粒径为80m时4%,骨料最大粒径为150mm时3%。

(5)如需提高混凝土的早期强度,宜在混凝土中掺加早强剂。

工业用氯化钙只宜用于素混凝土中,其掺量(以无水氯化钙占水泥质量的百分数计)不得超过3%,在砂浆中的掺量不得超过5%。

为了避免氯化钙腐蚀钢筋,在钢筋混凝土中应掺用非氯盐早强剂。

(6)使用早强剂后,混凝土初凝将加速,应尽量缩短混凝土的运输和浇筑时间,并应特别注意洒水养护,保持混凝土表面湿润。

(7)使用外加剂时应注意:外加剂必须与水混合配成一定浓度的溶液,各种成分用量应准确。对含有大量固体的外加剂(如含石灰的减水剂),其溶液应通过0.6mm孔眼的筛子过滤;外加剂溶液必须搅拌均匀,并定期取有代表性的样品进行鉴定;当外加剂储存时间过长,对其质量有怀疑时,必须进行试验鉴定。严禁使用变质的外加剂。

5.配合比选定的质量要求

(1)为确保混凝土的质量,工程所用混凝土的配合比必须通过试验确定。

(2)对于大体积建筑物的内部混凝土,其胶凝材料用量不宜低于140kg/m³。

(3)混凝土的水灰比应以骨料在饱和面干状态下的混凝土单位用水量对单位胶凝材料用量的比值为准,单位胶凝材料用量为每立方米混凝土中水泥与混合材质量的总和。

二、混凝土拌和的质量控制要点

1.拌制混凝土时,必须严格遵守试验室签发的混凝土配料单进行配料,严禁擅自更改。

2.水泥、砂、石、掺合料、片冰均应以质量计、水及外加剂溶液可按质量折算成体积。

3.施工前,应结合工程的混凝土配合比情况,检验拌和设备的性能,如发现不相适应时,应适当调整混凝土的配合比;有条件时,也可调整拌和设备的速度,叶片结构等。

4.在混凝土拌和过程中,应根据气候条件定时地测定砂、石骨料的含水量(尤其是砂子的含水量);在降雨的情况下,应相应地增加测定次数,以便随时调整混凝土的加水量。

5.在混凝土拌和过程中,应采取措施保持砂、石、骨料含水率稳定,砂子含水率应控制在6%以内。

6.掺有掺合料(如粉煤灰等)的混凝土进行拌和时,掺合料可以湿掺也可以干掺,但应保证掺和均匀。

7.如使用外加剂,应将外加剂溶液均匀配入拌和用水中。外加剂中的水量,应包括在拌和用水量之内。

8.必须将混凝土各组分拌和均匀。拌和程序和拌和时间,应通过试验决定。

9.拌和设备应经常进行下列项目的检验:拌和物的均匀性,各种条件下适宜的拌和时间,衡器的准确性,拌和机及叶片的磨损情况。

10.如发现拌和机及叶片磨损,应立即进行处理。

三、混凝土运输的质量控制要点

1.选择的混凝土运输设备和运输能力,应与拌和、浇筑能力、仓面具体情况及钢筋、模板吊运的需要相适应,以保证混凝土运输的质量,充分发挥设备效率。

2.所用的运输设备,应使混凝土在运输过程中不致发生分离、漏浆、严重泌水及过多温度回升和降低坍落度等现象。

3.同时运输两种以上强度等级、级配或其他特征不同的混凝土时,应在运输设备上设置标志,以免混淆。

4.混凝土在运输过程中,应尽量缩短运输时间及减少转运次数。

5.混凝土运输工具及浇筑地点,必要时应有遮盖或保温设施,以避免因日晒、雨淋、受冻而影响混凝土的质量。

6.对大体积水工混凝土应优先采用吊罐直接入仓的运输方式。当采用其他运输设备时,应采取措施避免砂浆损失和混凝土分离。

7.无论采用何种运输设备,混凝土自由下落高度均以不大于1.5m为宜,超过此界限时应采取缓降措施。

8.用皮带机运输混凝土时,应遵守下列规定。

(1)混凝土的配合比设计应适当增加砂率,骨料最大粒径不宜大于80mm。

(2)宜选用槽形皮带机,皮带接头宜胶结,并应严格控制安装质量,力求运行平稳。

(3)皮带机运行速度一般宜在1.2m/s以内。皮带机的倾角应根据所用机型经试测确定。

(4)混凝土不应直接从皮带卸入仓内,以防分离或堆料集中,影响质量。

(5)皮带机卸料处应设置挡板、溜管和刮板,以避免骨料分离和砂浆损失。同时,还应设置储料、分料设施,以适应平仓振捣能力。

四、混凝土浇筑的质量控制要点

1.建筑物地基必须验收合格后,方可进行混凝土浇筑的准备工作。

2.岩基上的杂物、泥土及松动岩石均应清除。岩基应冲洗干净并排净积水;如有承压水,必须由设计与施工单位共同研究,经处理后才能浇筑混凝土。

清洗后的岩基在浇筑混凝土前应保持洁净和湿润。

3.容易风化的岩基及软基,应做好下列各项工作。

(1)在立模扎筋以前,应处理好地基临时保护层。

(2)在软基上进行操作时,应力求避免破坏或扰动原状土壤。如有扰动,应会同设计人员商定补救办法。

(3)非黏性土壤地基,如湿度不够,应至少浸湿15cm深,使其湿度与此土壤在最优强度时的湿度相符。

(4)当地基为湿陷性黄土时,应采取专门的处理措施。

4.浇筑混凝土前,应详细检查有关准备工作包括:地基处理情况,混凝土浇筑的准备工作,模板、钢筋、预埋件及止水设施等是否符合设计要求,并应做好记录。

5.基岩面的浇筑仓和老混凝土上的迎水面浇筑仓,在浇筑第一层混凝土前,必须先铺一层2~3cm的水泥砂浆;其他仓面若不铺水泥砂浆,应有专门论证。

砂浆的水灰比应较混凝土的水灰比减少0.03~0.05。一次铺设的砂浆面积应与混凝土浇筑强度相适应,铺设工艺应保证新混凝土与基岩或老混凝土结合良好。

6.混凝土的浇筑,应按一定厚度、次序、方向,分层进行。在高压钢管、竖井、廊道等周边浇筑混凝土时,应使混凝土均匀上升。

7.混凝土的浇筑层厚度,应根据拌和能力、运输距离、浇筑速度、气温及振捣器的性能等因素确定。

8.浇入仓内的混凝土应随浇随平仓,不得堆积。仓内若有粗骨料堆叠时,应均匀地分布于砂浆较多处,但不得用水泥砂浆覆盖,以免造成内部蜂窝。在倾斜面上浇筑混凝土时,应从低处开始浇筑,浇筑面应保持水平。

9.浇筑混凝土时,严禁在仓内加水。如发现混凝土和易性较差时,必须采取加强振捣等措施,以保证混凝土质量。

10.不合格的混凝土严禁入仓,已入仓的不合格的混凝土必须清除。

11.混凝土浇筑应保持连续性,如因故中止且超过允许间歇时间,则应按工作缝处理,若能重塑者,仍可继续浇筑混凝土。

第二节 钢筋工程施工质量控制

一、水工混凝土钢筋材料基本知识

1.钢筋分类

(1)按轧制外形分

1)光面钢筋。钢筋表面光滑无纹路,主要用于分布筋、箍筋、墙板钢筋等。直径6~10mm时一般做成盘圆,直径12mm以上为直条,光面圆钢为Ⅰ级钢筋。

2)带肋钢筋。钢筋表面刻有不同的纹路,纹路一般为月牙形、螺旋形、人字形。表面纹路增强了钢筋与混凝土的黏结力,主要用于柱、梁等构件中的受力筋。变形钢筋的出厂长度有9m、12m两种规格,带肋钢筋一般有Ⅰ级(规格8~40mm)、Ⅲ级(规格8~40mm)、Ⅳ级(规格10~32mm)。

3)钢丝。分冷拔低碳钢丝和碳索高强钢丝两种,直径均在5mm以下。

4)钢绞线。有3股和7股两种,常用于预应力钢筋混凝土构件中。

(2)按直径大小分

1)钢丝,直径3~5mm。

2)细钢筋,直径6~10mm

3)中粗钢筋,直径12~20mm

4)粗钢筋,直径大于20mm。

(3)按生产工艺分

1)热轧钢筋。由低碳钢和普通合金钢在高温状态下压轧成型并自然冷却的成品钢筋。主要用于钢筋混凝土和预应力混凝土结构的配筋,是土木建筑工程中使用量最大的钢材品种之一,分为热轧光圆钢筋和热轧带肋钢筋两种。

热轧钢筋按强度可分为四级:HPB235(Ⅰ级钢),其屈服强度标准值为235MPa;

HRB335(Ⅱ级钢),其屈服强度标准值为335MPa;HRB400(Ⅱ级钢),其屈服强度标准值为400MPa;HRB500(Ⅳ级钢),其屈服强度标准值为500MPa。

2)冷拉钢筋。以节约钢材、提高钢筋屈服强度为目的,以超过屈服强度而又小于极限强度的拉应力拉伸钢筋,使其产生塑性变形的做法叫钢筋冷拉。

3)冷拔低碳钢钢丝。经过拔制冷加工硬化而成的低碳钢丝。采用直径6.5mm或8mm的普通碳素钢热轧盘条,在常温下通过拔丝模引拔而制成的直径3mm、4mm或5mm的圆钢丝。

（4）按化学成分分

1)碳素钢钢筋。低碳钢,含碳量小于0.25%;中碳钢,含碳量为0.25%~0.60%;高碳钢,含碳量大于0.6%。

2)普通低合金钢钢筋。在碳素钢筋中加入少量合金元素,如Ⅰ级、Ⅱ级、Ⅲ级钢筋。

（5）按钢筋在构件中的作用分

1)受力筋,是指构件中根据计算确定的主要钢筋,包括:受拉筋、弯起筋、受压筋等。

2)构造钢筋,是指构件中根据构造要求设置的钢筋,包括:分布筋、箍筋、架立筋、横筋、腰筋等。

2.钢筋的检验

（1）对不同厂家、不同规格的钢筋应分批按国家对钢筋检验的现行规定进行检验,检验合格的钢筋方可用于加工。检验时以60t同一炉(批)号、同一规格尺寸的钢筋为一批(质量不足60t时仍按一批计),随意选取两根经外部质量检查和直径测量合格的钢筋各截取一个抗拉试件和一个冷弯试件进行检验,采取的试件应有代表性,不得在同一根钢筋上取两根或两根以上同用途试件。

（2）钢筋的机械性能检验应遵循以下规定。

1)钢筋取样时,钢筋端部要先截去500mm再取试样,每组试样要分别标记,不得混淆。

2)在拉力检验项目中,应包括屈服点、抗拉强度和伸长率3个指标。如有一个指标不符合规定,即认为拉力检验项目不合格。

3)冷弯试件弯曲后,不得有裂纹、剥落或断裂。

4)钢筋的检验,如果有任何一个检验项目的任何一个试件不符合规定的数值时,则立另取两倍数量的试件,对不合格项目进行第二次检验,如果第二次检验中还有试件不合格,则该批钢筋为不合格。

（3）钢号不明的钢筋,经试验合格后方可加工使用,但不能在承重结构的重要部位上使用。检验时抽取的试件不得少于6组,且检验的项目均应满足规定数值。

3.钢筋的储存

（1）运入加工现场的钢筋，必须具有出厂质量证明书或试验报告单，每捆（盘）钢筋均应挂上标牌，标牌上应注有厂标、钢号、产品批号、规格、尺寸等项目，在运输和储存时不得损坏和遗失这些标牌。

（2）到货的钢筋应根据原附质量证明书或试验证明单按不同等级、牌号、规格及生产厂家分批验收检查每批钢筋的外观质量，查看锈蚀程度及有无裂缝、结疤、麻坑、气泡、砸碰伤痕等，并应测量钢筋的直径。不符合质量要求的不得使用，或经研究同意后可降级使用。

（3）验收后的钢筋，应按不同等级、牌号、规格及生产厂家分批、分别堆放，不得混杂，且宜立牌以资识别。钢筋应设专人管理，建立严格的管理制度。

（4）钢筋宜堆放在料棚内，如条件不具备，应选择地势较高、无积水、无杂草、且高于地面200mm的地方放置，堆放高度应以最下层钢筋不变形为宜，必要时应加遮盖。

（5）钢筋不得和酸、盐、油等物品存放在一起，堆放地点应远离有害气体，以防钢筋锈蚀或污染。

4.钢筋的代换

（1）应加强钢筋材料供应的计划性和适时性，尽量避免施工过程中的钢筋代换。

（2）若以另一种钢号或直径的钢筋代替设计文件中规定的钢筋时，应遵守以下规定。

1）应按钢筋承载力设计值相等的原则进行，钢筋代换后应满足《水工混凝土结构设计规范》所规定的钢筋间距、锚固长度、最小钢筋直径等构造要求。

2）以高一级钢筋代换低一级钢筋时，宜采用改变钢筋直径的方法而不宜采用改变钢筋根数的方法来减少钢筋截面积。

（3）用同钢号某直径钢筋代替另一种直径的钢筋时，其直径变化范围不宜超过4mm，变更后钢筋总截面面积与设计文件规定的截面面积之比不得小于98%或大于103%。

（4）设计主筋采取同钢号的钢筋代换时，应保持间距不变，可以用直径比设计钢筋直径大一级和小一级的两种型号钢筋间隔配置代换。

二、钢筋工序质量控制基本技能

1.调直和清污除锈

（1）钢筋的表面应洁净，使用前应将表面油渍、漆污、锈皮、鳞锈等清除干净，但对钢筋表面的水锈和色锈可不做专门处理。在钢筋清污除锈过程中或除锈后，当发现钢筋表面有严重锈蚀、麻坑、斑点等现象时，应经鉴定后视损伤情况确定降级使用或剔除不用。

(2)钢筋应平直,无局部弯折,钢筋中心线同直线的偏差不应超过其全长的1%。成盘的钢筋或弯曲的钢筋应调直后才允许使用。所调直的钢筋不得出现死弯,否则应剔除不用。钢筋调直后如发现钢筋有劈裂现象,应作为废品处理,并应鉴定该批钢筋质量。钢筋在调直机上调直后,其表面不得有明显的刮痕。

(3)钢筋的调直宜采用机械调直和冷拉方法调直。对于少量粗钢筋,当不具备机械调直和冷拉调直条件时,可采用人工调直。

(4)钢筋的除锈方法宜采用除锈机、风砂枪等机械除锈,当钢筋数量较少时,可采用人工除锈。除锈后的钢筋不宜长期存放,应尽快使用。

2.钢筋的端头及接头加工

(1)光圆钢筋的端头应符合设计要求,如设计未作规定时,所有受拉光圆钢筋的末端应做180°的半圆弯钩,弯钩的内直径不得小于2.5d。当手工弯钩时,可带3d的平直部分。Ⅱ级及其以上钢筋的端头,当设计要求弯转90°时,其最小弯转内直径应满足下列要求:

1)钢筋直径小于16mm时,最小弯转内直径为5d。

2)钢筋直径不小于16mm时,最小弯转内直径为7d。

3)锚筋的加工必须保证端部无弯折,杆身顺直。

(2)钢筋接头加工应按所采用的钢筋接头方式要求进行。钢筋端部在加工后若有弯曲时,应予矫直或割除(绑扎接头除外),端部轴线偏移不得大于0.1d,并不得大于2mm.端头面应整齐,并与轴线垂直。

(3)钢筋接头的切割方式当采用绑扎接头、帮条焊,单面(或双面)搭接焊的接头宜用机械切断机切制:电渣压力焊的接头,不宜采用切断机切割,应采用砂轮锯或气焊切割;冷挤压连接和螺纹连接的机械连接钢筋端头宜采用砂轮锯或钢锯片切割,不得采用电气焊切割。如切割后钢筋端头有毛边、弯折或纵肋尺寸过大者,应用砂轮机修磨。冷挤压接头不得打磨钢筋横肋。

(4)钢筋机械连接件应由专业生产厂家设计,并应有出厂质检证明。所有连接件的尺寸及材质、强度等均应满足《带肋钢筋套筒挤压连接技术规程》《钢筋锥螺纹接头技术规范》《镦粗直螺纹钢筋接头》的有关规定。

3.钢筋的弯折加工

(1)光圆钢筋(Ⅰ级钢筋)弯折90°以上,带肋钢筋(Ⅰ级钢筋以上)弯转90°,其最小弯转内直径应满足本节钢筋端头加工的有关要求。对寒冷及严寒地区,当环境温度低于-20℃时,不应对低合金钢筋进行冷弯加工,以避免在钢筋起弯点强化,造成脆断。弯起钢筋处的圆弧内半径宜大于12.5d。

(2)箍筋的加工应按设计要求的形式进行,当设计没有具体要求时,可使用光圆钢筋制成的箍筋,其末端应有弯钩,对大型梁、柱,当箍筋直径d不大于12mm时,弯钩长度见表4-1,采用小直径Ⅰ级钢筋制作箍筋时,其末端应有90°弯头,箍筋弯后平直部分长度不宜小于3倍主筋直径。

表4-1　光圆箍筋的弯钩末端平直部分长度

箍筋直径	受力钢筋直径		箍筋直径	受力钢筋直径	
	≤25	28~40		≤25	28~40
5~10	75	90	≥12	90	105

4.钢筋的绑扎

(1)现场焊接或绑扎的钢筋网,其钢筋交叉点的连接按50%的间隔绑扎,但钢筋直径小于25mm时,楼板和墙体的外围层钢筋网交叉点应逐点绑扎。设计有规定时应按设计规定进行。

(2)板内双向受力钢筋网,应将钢筋全部交叉点绑扎。梁与柱的钢筋,其主筋与箍筋的交叉点,在拐角处应全部绑扎,其中间部分可间隔绑扎。

(3)钢筋安装中交叉点的绑扎,对于Ⅰ级、Ⅱ级直径不小于16mm的钢筋,在不损伤钢筋截面的情况下,可采用手工电弧焊来代替绑扎,但应采用细焊条、小电流进行焊接,焊后钢筋不应有明显的咬边出现。

(4)柱中箍筋的弯钩,应设置在柱角处,且须按垂直方向交错布置。除特殊情况外,所有箍筋应与主筋垂直。

5.钢筋保护层

(1)钢筋安装时应保证混凝土净保护层厚度满足《水工混凝土结构设计规范》或相关设计文件规定的要求:对于梁、次梁、柱等的交叉部位,混凝土净保护层宜大于10mm。

(2)在钢筋与模板之间应设置强度不低于该部位混凝土强度的垫块,以保证混凝土保护层的厚度。垫块应相互错开,分散布置;多排钢筋之间,应用短钢筋支撑以保证位置准确。

6.接头的分布要求

(1)钢筋接头应分散布置。配置在同一截面内的下述受力钢筋,其接头的截面面积占受力钢筋总截面面积的百分率,应符合下列规定。

1)闪光对焊、熔槽焊、电渣压力焊、气压焊接头在受弯构件的受拉区,不宜超过50%;在受压区不受限制。

2)绑扎接头,在构件的受拉区中不宜超过25%;在受压区不宜超过50%。

3)机械连接接头,其接头分布应按设计文件规定执行,当没有要求时,在受拉区不宜超过50%;在受压区或装配式构件中钢筋受力较小部位。

4)焊接与绑扎接头距离钢筋弯头起点不得小于10d,也不应位于最大弯矩处。

5)若两根相邻的钢筋接头中距在500mm以内或两绑扎接头的中距在绑扎搭接长度以内,均作为同一截面处理。

(2)钢筋的接头分布在受拉区和受压区要求不同,当施工中分辨不清受拉区或受压区时,其接头的分布应按受拉区处理。

7.成品钢筋的存放

(1)经检验合格的成品钢筋应尽快运往工地安装使用,不宜长期存放。冷拉调直的钢筋和已除锈的钢筋须注意防锈。

(2)成品钢筋的存放须按使用工程部位、名称、编号、加工时间挂牌存放,不同号的钢筋成品不宜堆放在一起,防止混号和造成成品钢筋变形。

(3)成品钢筋的存放应按当地气候情况采取有效的防锈措施,若存放过程中发生成品钢筋变形或锈蚀,则应矫正除锈后重新鉴定,进而确定处理办法。锥(直)螺纹连接的钢筋端部螺纹保护帽在存放及运输装卸过程中不得取下。

8.检测数量要求

先进行宏观检查,没有发现明显不合格处,即可进行抽样检查,对梁、板、柱等小型构件总检查数不少于30个,其余总检查数不少于35。

9.工序监测质量标准

在主要检查项目符合质量标准的前提下,一般检查项目基本符合质量标准,检测总点数中有70%及其以上符合质量标准,即评为合格;一般检查项目符合质量标准,检测总点数中有90%及其以上符合质量标准,即评为优良。

第三节 模板工程施工质量控制

一、模板工程的要求与分类

1.模板工程的基本要求

为使模板工程达到保证混凝土工程质量,保证施工的安全,加快工程进度和降低工程成本的目的,对模板及支撑要符合下列要求。

(1)保证工程结构和构件各部分形状尺寸和相互位置的正确。

(2)具有足够的承载能力、刚度和稳定性,能可靠地承受新浇筑混凝土的重力和侧压以及在施工过程中所产生的荷载。

(3)构造简单,装拆方便,并便于钢筋的绑扎与安装和混凝土的浇筑及养护等工艺要求。

(4)模板接缝不应漏浆。

2.模板工程的分类

（1）按模板规格形式分类

1）非定型模板。模板板块规格不定，尺寸也不一定符合建筑模数，可根据不同结构的开口尺寸需要而制作安装的模板。

2）工具式模板。构件形状复杂、尺寸不合模数但构件数量较多时，专门设计和制造的模板，可多次周转使用。

（2）按装拆方式分类

1）固定式。一般常用的模板及支架安装完后，直至拆除其位置固定不变。

2）移动式。模板及支架安装完成后，可以随混凝土结构移动施工，直至混凝土结构全部浇筑完成后一次拆除，如滑升模板、水平移动式模板等。

3）永久式。模板在混凝土浇筑以后与构件连成整体而不可拆除，如叠合板。

（3）按材料分类

按模板工程采用的材料分，可分为木模板、钢模板、胶合板模板和塑料模板等其他材料制成的模板。

（4）按工程部位分类

按模板的工程部位分，可分为基础模板、隧洞模板、墙模板和柱模板等。

3.模板的选型

模板是混凝土结构工程施工中的主要设备之一。在具体工程中，模板的选型通常应考虑混凝土结构的形式、现有材料情况、机械设备情况，并结合本单位施工的技术水平和技术力量等情况确定。

二、模板工程材料

1.模板工程材料的选用

模板材料有木模板、胶合板模板、钢模板、铝合金模板及塑料模板等。

支架材料多采用钢材，也可以钢支架为主，配用一些木材。施工人员对模板和支架材料的选用要因地制宜，就地取材，以降低成本，并应尽量采用先进技术，达到多快好省的目的。当选用的模板材料为普通碳素钢材时，其材质应符合《碳素结构钢》的要求。如采用其他钢材时，其材质应符合相应标准的要求。

当选用的模板材料为木材时，木材应符合《木结构设计规范》中的承重结构选材标准，但其树种可按各地区实际情况选用，材质不宜低于Ⅱ等材。

当模板的板面选用胶合板时，胶合板应符合《混凝土模板用胶合板》的规定，其性能须符合国标A级胶合板性能要求，具有耐低温、高温、耐水性，能适应在室外使用等技术条件。胶合板的工作面应有完整牢固的酚醛树脂面膜或其他性能相当的树脂面膜。胶合板面膜的耐磨性应适应混凝土浇筑施工工艺要求。面膜应优先采用压膜工艺。胶合板的侧面、切割面及孔壁应采用封边漆密封，封边漆的质量和密封工艺应保证胶合板的使用技术要求，宜采用具有弹性的封边漆。

2.辅助材料

为了保护模板和拆模方便，要求在与混凝土接触的模板面涂刷隔离剂（或称脱模剂），选用质地优良和造价适宜的隔离剂是提高混凝土结构、构件的表面质量和降低模板工程费用的重要措施之一。

（1）隔离剂的使用性能要求：脱模效果良好；不污染脱模的混凝土表面；对模板不腐蚀，脱模剂要兼起防锈和保护的作用；涂敷简便，拆模后容易清理模板；施工过程中不怕日晒雨淋；长期储存和运输时质量稳定，不发生严重离析和变质现象；对于热养护的混凝土构件，使用的脱模剂还应具有耐热性；在冬季寒冷气候条件下施工时，使用的脱模剂尚应具有耐冻性。

（2）脱模剂的种类。脱模剂在我国尚无产品标准，但已使用的品种繁多，根据脱模剂的主要原材料情况，可划分为以下几类：

1）纯油类。各种植物油、动物油和矿物油均可配制脱模剂。但目前大多采用矿物油，即石油工业生产的各种轻质润滑油，如各种牌号的机械油等。纯油类脱模剂中最好掺入2%的表面活性剂（乳化剂、湿润剂），使混凝土表面不出现气孔，并减少颜色的差异。纯油类脱模剂可用于钢、木模板，但对混凝土的表面质量有一定影响。

2）乳化油类。乳化油大多用石油润滑油、乳化剂、稳定剂配制而成，有时还加入防锈添加剂。这类脱模剂可分为油包水型和水包油型，一般用于钢模板，也可用于木模板上。常用的乳化剂有阴离子型和非离子型，阳离子型很少使用。阴离子型乳化剂常采用钠皂、乳化油、油酸三乙醇胺皂、石油磺酸钠等。非离子乳化剂有聚氯乙烯蓖麻油、平平加等。使用阴离子和非离子复合乳化剂配制的乳化脱模剂，乳化效果更理想。

3）石蜡类。石蜡具有很好的脱模性能，将其加热熔化后，掺入适量溶剂搅匀即可使用。溶剂型石蜡脱模剂成本较高，且不易涂刷均匀。石蜡类脱模剂可用于钢、木模板和混凝土台座上，缺点是石蜡含量较高时往往在混凝土表面留下石蜡残留物，有碍于混凝土表面的黏结，因而其应用范围受到一定限制。

4）脂肪酸类。这类脱模剂一般含有溶剂，如汽油、煤油、苯、松节油等，此外还有如硬脂酸和苯溶液、硬脂酸铝和煤油溶液、凡士林和煤油溶液、脂肪酸和酒精溶液等。这类脱模剂大多同混凝土的碱（游离石灰）起化学反应，具有良好脱模效果，不污染混凝土表面，耐雨水冲刷，涂刷一次可多次使用。

三、模板的安装

模板的安装是以模板工程施工设计为依据，按照预定的施工程序，将模板、配件和支承系统安装成梁、板、墙、柱和基础等模板体系,以供浇筑混凝土。

1.大型竖向模板和支架的支承部分应为坚实的地基或老混凝土,应有足够的支承面积。如安装在基土上,基土必须坚实并有排水措施。对湿陷性黄土,必须有防水措施;对冻胀性土,必须有防冻融措施。

2.模板及其支架在安装过程中,必须设置足够的临时固定设施,以防倾覆。

3.支架的主柱必须在两个互相垂直的方向上,且用撑柱固定,以确保稳定。

4.模板的钢拉条不应弯曲,直径应大于8mm,拉条与锚环必须连接牢固。埋在下层混凝土的锚固件(螺栓、钢筋环等),在承受荷载时,必须有足够的锚固强度。

5.模板与混凝土接触的面板,必须平整严密,以保证混凝土表面的平整度。混凝土密实性建筑物分层施工时,应逐层校正下层偏差,模板下端不应"错台"。

6.现浇钢筋混凝土梁,当板跨度等于及大于4m时,模板应起拱;当设计无具体要求时,起拱高度宜为全跨长度的1/1000~1/300。

7.现浇多层房屋和构筑物,应采用分段分层支模的方法,安装上层模板及其支架应符合下列规定:

(1)下层楼板应达到足够的承载力或具有足够的支架支撑。

(2)如采用悬吊模板、桁架支模方法时,其支撑结构必须有足够的承载力和刚度。

(3)层支架的主柱应对准下层支架的主柱,并铺设垫板。

8.当层间高度大于5m时,宜选用桁架支撑或多层支架支模方法。采用多层支架支模时,支架的横垫板应平整,支柱应垂直,上下层支柱应在同一竖向中心线上。

9.采用分节支模时,底模的支点应按模板设计要求设置,各节模板应在同一平面上,高低差不得超过3cm。

四、模板的拆除

1.混凝土拆模强度及拆模时间

模板及其支架拆除时的混凝土强度,应符合设计要求;当设计无要求时,可根据工程结构的特点和混凝土所达到的强度确定。

(1)现浇结构模板的拆除

1)侧模。在混凝土强度能保证其表面及棱角不因拆除模板而受损坏时,方可拆除。

2)底模。在与结构同条件养护的试件达到一定的强度时,方可拆除。

(2)预制构件模板的拆除

1)侧模。在混凝土强度能保证构件不变形,棱角完整时,方可拆除。

2)芯模或预留孔洞的内模。在混凝土强度能保证构件和孔洞表面不发生坍陷和裂缝时,方可拆除。

3)底模。其构件跨度等于或小于4m时,在混凝土强度达到设计的混凝土强度标准值的50%时,方可拆除;构件跨度大于4m时,在混凝土强度达到设计的混凝土强度标准值的75%时,方可拆除。

2.拆模的一般要求

(1)当混凝土未达到规定强度时,如需要提前拆模或承受部分荷载时,必须经过计算,经确认其强度足够承受此荷载后,方可拆除。

(2)预应力混凝土结构或构件模板的拆除,除应满足混凝土强度达到规定要求外,侧模应在预应力张拉前拆除;底模应在结构或构件建立预应力后拆除。

(3)已拆除模板及其支架的结构,应在混凝土强度达到设计的混凝土强度标准值后,才允许承受全部使用荷载。当承受施工荷载产生的效应比使用荷载更为不利时,必须经过核算,加设临时支撑。

(4)当混凝土强度达到拆模强度后,应对已拆除侧模的结构及其支撑结构进行检查,确认混凝土无影响结构性能的缺陷,支撑结构有足够的承载能力后,方允许拆除承重模板和支撑。

(5)冬季施工要遵照现行混凝土工程施工及验收规范中的有关冬期施工规定进行拆模。

(6)对于大体积混凝土的拆模时间,除应满足混凝土强度要求外,还应考虑产生温度裂缝的可能性。一般应采取保温措施,使混凝土内外温差降低到25℃以下方可拆模。为了加速模板周转,需要提早拆模时,必须采取有效措施,使拆模与养护措施密切配合,边拆除边用保温材料覆盖,以防止外部混凝土温度降低过快使内外温差超过25℃而产生温度裂缝。

第四节　土方及堤防工程施工质量控制

一、水工建筑物岩石基础开挖工程的质控制要点

1.施工测量

(1)施工单位应整理齐全施工测量资料,主要内容如下:

1)根据施工图纸和施工控制网点,测量定线并按实际地形测放开口轮廓位置的资料;在施工过程中,测放、检查开挖断面及高程的资料。

2)测绘(或搜集)的开挖前的原始地面线,覆盖层资料,开挖后的竣工建基面等纵、横断面及地形图。

3)测绘的基础开挖施工场地布置图及各阶段开挖面貌图。

4)单项工程各阶段和竣工后的土石方量资料。

5)有关基础处理的测量资料。

(2)开口轮廓位置和开挖断面的放样应保证开挖规格。

(3)断面测量应符合下列规定。

1)断面测量应平行主体建筑物轴线设置断面基线,基线两端点应埋标(桩)。正交于基线的各断面桩间距,应根据地形和基础轮廓确定,一般为10~15m。混凝土建筑物基础的断面应布设各坝段的中线、分缝线上;弧线段应设立以圆弧中心为准的正交弧线断面,其断面间距的确定,除服从基础设计轮廓外,一般应均分圆心角。

2)断面间距用钢卷尺实量,实量各间距总和与断面基线总长的差值应控制在1/500以内。

3)断面测量需设转点时,其距离可用钢卷尺或皮卷尺实量。若用视距观测,必须进行往测、返测,其校差应不大于1/200。

4)开挖中间过程的断面测量,可用经纬仪测量断面桩高程,但在岩基竣工断面测量时,必须以五等水准测定断面桩高程。

(4)基础开挖完成后,应及时测绘最终开挖竣工地形图以及与设计施工详图同位置、同比例的纵横剖面图。竣I地形图及纵横剖面图的规格应符合下列要求:

1)原始地面(覆盖层和基岩面)地形图比例一般为1:200~1:1000。

2)用于计算工程量(覆盖层和基岩面)的横断面图,纵向比例一般为1:100~1:200,横向比例一般为1:200~1:500。

3)竣工基础横断面图纵、横比例一般为1:100~1:200。

4)竣工建基面地形图比例一般为1:200,等高距可根据坡度和岩基起伏状况选用0.2、0.5m或1.0m,也可仅测绘平面高程图。

2.岩石基础开挖

(1)一般情况下,基础开挖应自上而下进行。当岸坡和河床底部同时施工时,应确保安全;否则,必须先进行岸坡开挖。未经安全技术论证和批准,不得采用自下而上或造成岩体倒悬的开挖方式。

(2)为保证基础岩体不受开挖区爆破的破坏,应按留足保护层的方式进行开挖。在有条件的情况下,则应先采取预裂防震,再进行开挖区的松动爆破。当开挖深度较大时,可分层开挖。分层厚度可根据爆破方式、挖掘机械的性能等因素确定。

(3)基础开挖中,对设计开口线外坡面、岸坡和坑槽开挖壁面等,若有不安全的因素,均必须进行处理,并采取相应的防护措施。随着开挖高程下降,对坡(壁)面应及时测量检查,防止欠挖。避免在形成高边坡后再进行坡面处理。

(4)遇有不良的地质条件时,为了防止因爆破造成过大震裂或滑坡等,对爆破孔的深度和最大一段起爆药量,应根据具体条件由施工、地质和设计单位共同研究,另行确定,实施之前必须报监理审批。

（5）实际开挖轮廓应符合设计要求。对软弱岩石，其最大误差应由设计和施工单位共同议定；对坚硬或中等坚硬的岩石，其最大误差应符合下列规定：

1）平面高程一般应不大于0.2m。

2）边坡规格依开挖高度而异：8m以内时，一般应不大于0.2m；8~15m时，一般应不大于0.3m；16~30m时，一般应不大于0.5m。

（6）爆破施工前，应根据爆破对周围岩体的破坏范围及水工建筑物对基础的要求，确定垂直向和水平向保护层的厚度。爆破破坏范围应根据地质条件、爆破方式和规模以及药卷直径诸因素，至少用两种方法通过现场对比试验综合分析确定。

（7）保护层的开挖是控制基础质量的关键，其垂直向保护层的开挖爆破，应符合下列要求。

1）用大孔径、大直径药卷爆破留下的较厚保护层，距建基面1.5m以上部分仍可采用中（小）孔径及相应直径的药卷进行梯段毫秒爆破。

2）对于中（小）直径药卷爆破剩下的保护层厚度，仍应不小于规定的相应药卷直径的倍数，并不得小于1.5m。

3）紧靠建基面1.5m以上的一层，采用手风钻钻孔，仍可用毫秒分段起爆，其最大一段起爆药量应不大于300kg.

（8）建基面上1.5m以内的垂直向保护层，其钻孔爆破应遵守下列规定：

1）采用手风钻逐层钻孔（打斜孔）装药，火花起爆；其药卷直径不得大于32mm（散装炸药加工的药卷直径，不得大于36mm）。

2）最后一层炮孔孔底高程的确定：对于坚硬、完整岩基，可以钻至建基面终孔，但孔深不得超过50cm；对于软弱、破碎岩基，则应留足20~30cm的撬挖层。

（9）预裂缝可一次爆到设计高程。预裂爆破可以采用连续装药或间隔装药结构。爆破后，地表缝宽一般不宜小于1cm；预裂面不平整度不宜大于15cm；孔壁表层不应产生严重的爆破裂隙。

（10）廊道、截水墙的基础和齿槽等开挖，应做专题爆破设计。尤其对基础防渗、抗滑稳定起控制作用的沟槽，更应慎重确定其爆破参数。

一般情况下，应先在两侧设计坡面进行预裂，后按留足垂直保护层进行中部爆破。若无条件采用预裂爆破时，则应按留足两侧水平保护层和底部垂直保护层的方式，先进行中部爆破，然后进行光面爆破。沟槽中部的爆破应符合下列要求。

1）根据留足保护层后的剩余中部槽体尺寸决定爆破方式（梯段或拉槽）。

2）当能采用梯段爆破时，可参照SL 47—1994中第3.5.3条和3.5.4条规定，但最大一段起爆药量应不大于500kg，邻近设计建基面和设计边坡时，不得大于300kg。

3）当只能采用拉槽爆破时，可用小孔径钻孔、延长药包毫秒爆破，最大一段起爆药量应不大于200kg。

当不采用预裂爆破和光面爆破的方式进行开挖时,则应用孔深不超过1.0m的电炮拉槽,而后采用火花起爆逐步扩大。

(11)在建筑物及其新浇混凝土附近进行爆破时,必须遵守下列规定:

1)根据建筑物对基础的不同要求以及混凝土不同的龄期,通过模拟破坏试验确定保护对象允许的质点振动速度值(破坏标准)。若不能进行试验时,被保护对象的允许质点振动速度值,可参照类似工程实例确定。

2)再通过实地试验寻求该工程爆破振动衰减规律,即利用不同药量、测距与相应各测点的质点振动资料。

3)采用该工程关系式和被保护对象所允许的质点振速值,规定相应的安全距离和允许装药量。其中,近距离爆破用火花起爆所求得的关系式计算,远距离毫秒爆破用毫秒起爆所求得的关系式计算。

(12)在邻近建筑物的地段(10m以内)进行爆破时,必须根据被保护对象的允许质点振动速度值,按工程实测的振动衰减规律严格控制浅孔火花起爆的最小装药量。当装药量控制到最低程度仍不能满足要求时,应采取打防震孔或其他防震措施。

(13)不得在灌浆完毕地段及其附近进行爆破,如因特殊情况需要爆破时,必须经监理和设计单位同意,方可进行少数量的浅孔火花爆破。并应对灌浆区进行爆前爆后的对比检查;必要时,还须进行一定范围的补灌。

3.基础质量检查处理

(1)开挖后的建基轮廓不应有反坡(结构本身许可者除外);出现反坡时,均应处理成顺坡。对于陡坎,应将其顶部削成钝角或圆滑状。若石质坚硬,撬挖确有困难时,经监理同意,可用密集浅孔装微量炸药爆除,或采取结构处理措施。

(2)建基面应整修平整。在坝基斜坡或陡崖部分的混凝土坝体伸缩缝下的岩基,应严格按设计规定进行整修。

(3)建基面如有风化、破碎,或含有有害矿物的岩脉、软弱夹层和断层破碎带以及裂隙发育和具有水平裂隙等,均应用人工或风镐挖到设计要求的深度。如情况有变化时,经监理同意,可使用单孔小炮爆破,撬挖后应根据设计要求进行处理。

(4)建基面附有的方解石薄脉、黄锈(氧化铁)、氧化锰、碳酸钙和黏土等,经设计、地质人员鉴定,认为影响基岩与混凝土的结合时,均应清除。

(5)建基面经锤击检查受爆破影响震松的岩石,必须清除干净。如块体过大时,经监理同意,可用单孔小炮炸除。

(6)在外界介质作用下破坏很快(风化及冻裂)的软弱基础建基面,当上部建筑物施工覆盖来不及时,应根据室外试验结果和当地条件所制定的专门技术措施进行处理。

(7)在建基面上发现地下水时,应及时采取措施进行处理,避免新浇混凝土受到损害。

二、水工建筑物地下开挖工程的质量控制要点

1.施工地质

(1)地下建筑物开挖前,施工单位根据设计单位的交底,了解工程与水文地质资料(内容参照《水利水电工程地质勘查规范》),着重注意下列问题:岩石分级及围岩分类;洞口段及其附近边坡、浅埋与傍山洞室的山体稳定性,可能导致岩体失稳地段的岩层特性、风化程度、地质构造、岩体应力状态等及其对建筑物的影响,地下水类型、含水层分布、水位、水质、水温、涌水量、补给来源、动态规律及其影响,有毒气体、放射性元素的性质、含量及其分布范围。

施工期间,设计单位的地质人员应对原来提供的资料进行复核,对尚未阐明或地质条件有变化的地段,应进行补充地质勘查工作。

(2)开挖过程中地质人员,应做好以下主要工作:地质编录和测绘工作;分析影响洞口安全和洞室围岩稳定的不良地质现象,判明其对建筑物的影响程度,及时配合设计、施工人员研究预防措施,必要时,提出专题报告;进行工程地质、水文地质现象的观测及预报工作;岩性有变化的地段应取样试验,核实原定的地质参数。

(3)施工期间应及时总结在各类典型工程地质条件下的开挖方法、掘进速度、钻爆参数、机具效率等资料。

出现塌方时,应分析原因,记录发生、发展过程及处理经过。

2.开挖

(1)洞口削坡应自上而下进行,严禁上下垂直作业。同时应做好危石清理、坡面加固、马道开挖及排水等工作。

(2)进洞前,须对洞脸岩体进行鉴定,确认稳定或采取措施后,方可开挖洞口。

(3)在Ⅳ类围岩中开挖大、中断面隧洞时,宜采用分部开挖方法,及时做好支护工作;在Ⅴ类围岩中开挖隧洞时,宜采用先护后挖或边挖边护的方法。

(4)地下建筑物开挖,一般不应欠挖,尽量减少超挖,其开挖半径的平均径向超挖值不得大于20cm。

不良地质条件下的容许超挖值,由设计、施工单位商定并经监理核准。

(5)遇到下列情况时,开挖与衬砌应交叉或平行作业:在Ⅳ类、Ⅴ类围岩中开挖隧洞或洞室,需要衬砌的长隧洞。

(6)竖井采用自上而下全断面开挖方法时,应遵守下列规定:必须锁好井口,确保井口稳定,防止井台上杂物坠入井内;提升设施应有专门设计;井深超过15m时,人员上下宜采用提升设备;涌水和淋水地段,应有防水、排水措施;Ⅳ类、Ⅴ类围岩地段,应及时支护。挖一段衬砌一段或采用预灌浆方法加固岩体;井壁有不利的节理裂隙组

合时,应及时进行锚固。

(7)竖井采用贯通导井后,自上而下进行扩大开挖方法时,除遵守规范规定外,还应满足下列要求:由井周边至导井口,应有适当的坡度,便于扒渣;采取有效措施,防止石渣打坏井底棚架、堵塞导井和发生人员坠落事故。

(8)在Ⅰ类、Ⅱ类围岩中开挖小断面的竖井,挖通导井后也可采用留渣法蹬渣作业,自下而上扩大开挖。最后随出渣随锚固井壁。

(9)特大断面洞室一般可采用下列方法施工:对于Ⅰ~Ⅲ类围岩,可采用先拱后墙法;对于Ⅲ类、Ⅳ类围岩,可采用先墙后拱法,如采用先拱后墙法施工时,应注意保护和加固拱座岩体;对于Ⅳ类、Ⅴ类围岩,宜采用肋墙法与肋拱法,必要时应预先加固围岩。

(10)与特大洞室交叉的洞口,应在特大洞室开挖前挖完并做好支护。如必须在开挖后的高边墙上开挖洞口,应采取专门措施。

(11)相邻两洞室间的岩墙或岩柱,应根据地质情况确定支护措施,确保岩体稳定。

(12)特大断面洞室(或大断面隧洞),采用先拱后墙法施工时,拱脚开挖应符合下列要求:拱脚线的最低点至下部开挖面的距离,不宜小于1.5m;拱脚及相邻处的边墙开挖,应有专门措施。

3.钻孔爆破

(1)光面爆破和预裂爆破的主要参数,应通过试验确定。

(2)光面爆破及预裂爆破的效果,应达到下列要求:残留炮孔痕迹,应在开挖轮廓面上均匀分布,炮孔痕迹保存率,一般硬岩不少于80%,中硬岩不少于70%,软岩不少于50%;相邻两孔间的岩面平整,孔壁不应有明显的爆破裂隙;相邻两茬炮之间的台阶或预裂爆破孔的最大外斜值,不应大于20cm;预裂爆破的预裂缝宽度,一般不宜小于0.5cm。

(3)特大断面洞室中下部开挖,采用深孔梯段爆破法时,应满足下列要求:周边轮廓先行预裂;采用毫秒雷管分段起爆;按围岩和建筑物的抗震要求,控制最大一段的起爆药量。

(4)钻孔爆破作业,应按照爆破图进行。

(5)钻孔质量应符合下列要求:钻孔孔位应依据测量定出的中线、腰线及开挖轮廓线确定;周边孔应在断面轮廓线上开孔,沿轮廓线调整的范围和掏槽孔的孔位偏差不应大于5cm,其他炮孔的孔位偏差不得大于10cm;炮孔的孔底,应落在爆破图所规定的平面上;炮孔经检查合格后,方可装药爆破。

(6)炮孔的装药、堵塞和引爆线路的连接,应由经过训练的炮工按爆破图的规定进行。

4.锚喷支护

(1)锚杆参数及布置

1)锚杆参数应根据施工条件,通过工程类比或试验确定。一般可参照下列规定选取:系统锚杆,锚入深度1.5~3.5m,其间距为锚入深度的1/2,但不得大于1.5m;单根锚杆锚固力不低于5t;局部布置的锚杆,须锚入稳定岩体,其深度和间距,根据实际情况而定;大于5m的深孔锚杆和预应力锚索,应结合永久支护作出专门设计;锚杆直径一般为16~25mm。

2)锚杆布置应与岩体主要结构面成较大的角度。当结构面不明显时,可与周边轮廓线垂直。

3)为防止掉块,锚杆间可用钢筋、型钢或金属网联结,其网格尺寸宜为5cm×5cm~8cm×8cm。

(2)敷设金属网(或钢筋网)的控制质量

1)金属网应随岩面敷设,其间隙不小于3cm。

2)喷混凝土的金属网格尺寸宜为20cm×20cm~30cm×30cm,钢筋直径宜为4~10mm。

3)金属网与锚杆联结应牢固。

(3)锚杆的质量检查

1)楔缝式锚杆安装后24h应再次紧固,并定期检查其工作状态。

2)锚杆锚固力可采用抽样检查,抽样率不得少于1%,其平均值不得低于设计值,任意一组试件的平均值不得低于设计值的90%。

3)施工中,应对其孔位、孔向、孔径、孔深、洗孔质量、浆液性能及灌入密度等分项进行检查。

(4)砂浆锚杆的安设要求

1)砂浆:砂子宜用中细砂,最大粒径不大于3mm;水泥宜选用强度等级不低于42.5普通硅酸盐水泥;水泥和砂的质量比宜为1:1~1:2,水灰比宜为0.38~0.45。

2)安设工艺:钻孔布置应符合设计要求,孔位误差不大于20mm,孔深误差不大于5mm;注浆前,应用高压风、水冲洗干净;砂浆应拌和均匀,随拌随用;应用注浆器注浆,浆液应填塞饱满;安设后应避免碰撞。

(5)喷混凝土的材料及性能要求

1)强度等级不低于C20。

2)宜选用强度等级不低于42.5的普通硅酸盐水泥。

3)选用中、粗砂,小石粒径为5~15mm。骨料的其他要求应按《水工混凝土施工规范》的有关规定执行。

4)速凝剂初凝时间不大于5min,终凝时间不大于10min。

5)配合比可按下列经验数值确定：水泥和砂石的质量比宜为1∶4~1∶4.5，砂率为45%~55%，水灰比为0.4~0.5，速凝剂掺量为水泥用量的2%~4%。

（6）喷射混凝土的工艺要求

1)喷射前，应将岩面冲洗干净，软弱破碎岩石应将表面清扫干净。

2)喷射作业，应分区段进行，长度一般不超过6m，喷射顺序应自下而上。

3)后一次喷射，应在前一次混凝土终凝后进行，若终凝后1h以上再次喷射，应用风水清洗混凝土表面。

4)一次喷射厚度：边墙4~6cm，拱部2~4cm。

5)喷射2~4h后，应洒水养护，一般养护7~14天。

6)混凝土喷射后至下一循环放炮时间，应通过试验确定，一般不小于4h，放炮后应对混凝土进行检查，如出现裂纹，应调整放炮间隔时间或爆破参数。

7)正常情况下的回弹量，拱部为20%~30%，边墙为10%~20%。

（7）喷混凝土的质量标准要求

1)喷混凝土表面应平整，不应出现夹层、砂包、脱空、蜂窝、露筋等缺陷。如出现上述情况，应采取补救措施。

2)结构接缝、墙角、洞形或洞轴急变等部位，喷层应有良好的搭接。

3)不存在贯穿性裂缝。

4)出现过的渗水点已做妥善处理。

5)强度：每喷50m³混凝土，应取一组试件。当材料或配合比改变时，应增取一组，每组三个试块，取样要均匀；平均抗压强度不低于设计强度等级，任意一组试件的平均值不得低于设计强度等级的85%；宜采用切割法取样；喷射厚度应满足设计要求。

第五节　渠道工程施工质量控制

土方开挖工艺流程：施工测量放样→场地清理→临时排水系统→人工开挖（或机械开挖）→人工修整验收。

渠道衬护是灌排渠道施工的重要组成部分，它不仅可以提高灌溉水有效利用系数，扩大灌溉面积，而且对防治农田次生盐渍化有重大作用。渠道衬护的类型有灰土、砌石、混凝土、沥青材料及塑料薄膜等。在选择衬护类型时，应考虑以下原则：防渗效果好，因地制宜，就地取材，施工简易，能提高渠道输水能力和抗冲能力，减小渠道断面尺寸，造价低廉，有一定的耐久性，便于管理养护，维修费用低等。

一、灰土衬砌

灰土由石灰和土料混合而成。灰土衬护渠道，防渗效果较好，造价较低。但饱和时抗冻性差,因而在寒冷地区应另加保护层。衬护渠道用的灰土,我国南方地区多用灰土比为1:2~1￥6(重量比),衬砌厚度在多缝的岩石渠道上为15~20cm,在土渠上多为25~30cm;北方地区多用1:3~1:6的灰土比,厚度一般为20~40cm,并根据冰冻情况,加设30~50cm的砌石保护层。灰土施工时,先将过筛后的细土料与生石灰干拌均匀,再加水拌和后堆置一段时间,使石灰充分熟化,并待稍干后,即可分层夯实,并注意拍打坡面消除裂缝。灰土夯实完毕后应养护一段时间,待干后再行通水。

二、砌石衬砌

砌石衬砌具有就地取材、施工简单、抗冲、防渗、耐久等优点。石料有卵石、块石、石板等,砌筑方法有干砌和浆砌两种。

在砂砾地区,采用干砌卵石衬砌是一种经济的抗冲防渗措施,施工时应先按设计要求铺设垫层,然后再砌卵石,砌卵石的基本要求是使卵石的长边垂直于边坡或渠底,并砌紧砌平,错缝,坐落在垫层上。每隔10~20cm距离用较大的卵石干砌或浆砌一道隔墙。渠坡隔墙可砌成平直形,渠底隔墙砌成拱形,其拱顶迎向水流方向,以加强抗冲能力,隔墙深度可根据渠道可能冲刷深度确定。卵石衬砌应按先渠底后渠坡的顺序铺砌卵石。块石衬砌时,石料的规格一般以长40~50cm、宽30~40cm、厚8~10cm为宜,要求有一面平整。干砌勾缝的护面防渗效果较差,防渗要求较高时,可以采用浆砌块石。

砖砌护面也是一种因地制宜,就地取材的防渗衬砌措施,其优点是造价低廉、取材方便、施工简单、防渗效果较好,砖衬砌层的厚度可采用一砖平砌或一砖立砌。渠底卵石的砌缝最好垂直于水流方向,这样抗冲效果较好。不论是渠底还是渠坡,砌石缝面必须用水泥砂浆压缝,以保证施工质量。

浆砌石渠道的防渗性虽然好,但不如混凝土衬护。在有冻害地区进行浆砌石衬护时,必须铺筑足够厚度的垫层,以防浆砌石层因冻胀而开裂破坏。

三、混凝土衬护

混凝土衬护由于防渗效果好,一般能减少90%以上渗漏量,耐久性强,糙率小,强度高,便于管理,适应性强,因而成为一种广泛采用的衬护方法。

渠道混凝土衬砌,目前多采用板型结构,但小型渠道也采用槽型结构。素混凝土板常用于水文地质条件较好的渠段,钢筋混凝土和预应力钢筋混凝土板则用于地质条件较差和防渗要求较高的重要渠段。混凝土板按其截面形状的不同,又有矩形板、楔形板、肋梁板等不同型式。矩形板适用于无冻胀地区的各种渠道,楔形板、肋形板多用于冻胀地区的各种渠道。

大型渠道的混凝土衬砌多为就地浇筑,渠道在开挖和压实处理以后,先设置排水,铺设垫层,然后再浇筑混凝土。一般先浇筑渠底,后浇筑边坡,按伸缩缝进行分块浇筑。渠底一般采用跳仓法浇筑,但也有依次连续浇筑的。渠坡分块浇筑时,先立两侧模板,然后随混凝土的升高,边浇筑边安设表面模板。如渠坡较缓用表面振动器捣实混凝土时,则不安设表面模板。在浇筑中间块时,应按伸缩缝宽度设立两边的缝子板。缝子板在混凝土凝固以后拆除,以便灌浇沥青油膏等填缝材料。混凝土拌和站的位置,应根据水源、料场分布和混凝土工程量等因素确定。中、小型工程人工施工时,拌和站控制渠段长度以150~400m为宜;大型渠道采用机械化施工时,以每3km移动一次拌和站为宜。有条件时还可采用移动式拌和站或汽车式搅拌机。装配式混凝土衬砌,是在预制场制作混凝土板,运至现场安装和灌筑填缝材料。预制板的尺寸应与起吊运输设备的能力相适应,人工安装时,一般为0.4~0.6m³。装配式衬砌预制板的施工受气候条件影响较小,在已运用的渠道上施工,可减少施工与放水之间的矛盾。但装配式衬砌的接缝较多,防渗、抗冻性能差,一般在中小型渠道中采用。

四、沥青材料衬护

由于沥青材料具有良好的不透水性,一般可减少渗漏量的90%以上,并具有抗碱类腐蚀能力,其抗冲能力则随覆盖层材料而定。沥青材料渠道衬护有沥青薄膜与沥青混凝土两类。沥青薄膜类防渗按施工方法可分为现场浇筑和装配式两种。现场浇筑又可分为喷洒沥青和沥青砂浆两种。

现场喷洒沥青薄膜施工,首先要将渠床整平、压实,并洒水少许,然后将温度为200℃的软化沥青用喷洒机具,在354kPa压力下均匀地喷洒在渠床上,形成厚6~7mm的防渗薄膜。一般需喷洒两层以上,各层间需结合良好。喷洒沥青薄膜后,应及时进行质量检查和修补工作。最后在薄膜表面铺设保护层。一般素土保护层的厚度,小型渠道多用10~30cm,大型渠道多用30~50cm。渠道内坡以不陡于1:1.75为宜,以免保护层产生滑动。沥青砂浆防渗多用于渠底。施工时先将沥青和砂分别加热,然后进行拌和,拌好后保持在160~180℃,即行现场摊铺,然后用大方铣反复烫压,直至出油,再做保护层。

沥青混凝土衬护分现场铺筑与预制安装两种施工方法。现场铺筑与沥青混凝土面板施工相似。预制安装多采用矩形预制板。施工时为保证运用过程中不被折断,可设垫层,并将表面进行平整。安装时应将接缝错开,顺水流方向,不应留有通缝,并将接缝处理好。

五、塑料薄膜衬护

采用塑料薄膜进行渠道防渗,具有效果好、适应性强、质量轻、运输方便、施工速度快和造价较低等优点,用于渠道防渗的塑料薄膜厚度以0.12~0.20cm为宜。塑料薄膜的铺设方式有表面式和埋藏式两种。表面式是将塑料薄膜铺于渠床表面,薄膜容易老化和遭受破坏。埋藏式是在铺好的塑料薄膜上铺筑土料或砌石作为保护层。由于塑料表面光滑,为保证渠道断面的稳定,避免发生渠坡保护层滑塌,渠床边坡宜采用锯齿形。保护层厚度一般不小于30cm。

塑料薄膜衬护渠道施工:大致可分为渠床开挖和修整、塑料薄膜的加工和铺设、保护层的填筑三个施工过程。薄膜铺设前,应在渠床表面加水湿润,以保证其能紧密地贴在基土上。铺设时,将成卷的薄膜横放在渠床内,一端与已铺好的薄膜进行焊接或搭接,并在接缝处填土压实,此后即可将薄膜展开铺设,然后再填筑保护层。铺填保护层时,渠底部分应从一端向另一端进行,渠坡部分则应自下向上逐渐推进,以排除薄膜下的空气。

保护层分段填筑完毕后,再将塑料薄膜的边缘固定在顺渠顶开挖的堑壕里,并用土回填压紧。塑料薄膜的接缝可采用焊接或搭接。焊接有单层热合与双层热合两种。搭接时为减少接缝漏水,上游一块塑料薄膜应搭在下游一块之上,搭接长度为5cm。也可用连接槽搭接。

第六节　砌体工程施工质量控制

一、砌筑砂浆的基本要求

1.砂浆的强度

砌筑砂浆的强度等级必须符合设计要求,一般采用 M20、M15、M10、M7.5、M5、M2.5。

2.其他要求

(1)砂浆的分层度不得大于30mm。

(2)水泥砂浆中水泥用量不应小于200kg/m³,水泥混合砂浆中水泥和掺加料总量宜为300~350kg/m³,水泥砂浆的密度不宜小于1900kg/m³,水泥混合砂浆的密度不宜小于1800kg/m³。

(3)具有冻融循环次数要求的砌筑砂浆,经冻融试验后,质量损失率不得大于5%,抗压强度损失率不得大于25%。

3.砂浆拌制和使用的规定

(1)砌筑砂浆现场拌制时,各组成材料应按质量计。

(2)砌筑砂浆应采用机械搅拌,自投料完算起,搅拌时间应符合下列规定。

1)水泥砂浆和水泥混合砂浆不得小于2min。

2)水泥粉煤灰砂浆和掺用外加剂的砂浆不得小于3min。

3)掺用油急塑化剂的砂浆,应为3~5min。

(3)砌筑砂浆通过试配确定配合比,当砂浆的组成材料有变更时,其配合比应重新确定。

(4)砂浆应随拌随用。水泥砂浆和水泥混合砂浆应分别在3h和4h内使用完毕;当施工期间最高气温超过30℃时,则应分别在拌成后2h和3h内使用完毕。

(5)对掺用缓凝剂的砂浆,其使用时间可根据具体情况延长。

(6)水泥混合砂浆不得用于基础等地下潮湿环境中的砌体工程。

(7)施工中,当采用水泥砂浆代替水泥混合砂浆时,应重新确定砂浆强度等级。

4.砂浆试块

(1)砂浆试块应在砂浆拌和后随机抽取制作,同盘砂浆只应制作一组试块。

(2)砌筑砂浆试块强度验收时其强度合格标准必须符合以下规定。

1)同一验收批砂浆试块抗压强度平均值必须不小于设计强度等级所对应的立体方体抗压强度,同一验收批砂浆试块抗压强度的最小一组平均值必须不小于设计强度等级所对应的立方体抗压强度的0.75倍。

在此说明:砌筑砂浆的验收批,同一类型、强度等级的砂浆试块应不少于3组。当同一验收批只有一组试块时,该组试块抗压强度的平均值必须不小于设计强度等级所对应的立方体抗压强度;砂浆强度应以标准养护、龄期为28d的试块抗压试验结果为准。

2)抽检数量:每一检验批且不超过250m²砌体的各种类型及强度等级的砌筑砂浆,每台搅拌机应至少制作一组试块(每组3块)即抽检一次。

3)检验方法:在砂浆搅拌机出料口随机取样制作砂浆试块(同盘砂浆只应制作一组试块),最后检查试块强度试验报告单。

3)当施工中或验收时出现下列情况,可采用现场检验方法对砂浆和砌体强度进行原位检测或取样检测,并判定其强度。

1)砂浆试块缺乏代表性或试块数量不足。

2)对砂浆试块的试验结果有怀疑或有争议。

3)砂浆试块的试验结果不能满足设计要求。

二、配筋砌体工程质量控制基本技能

1.配筋砖质量控制要点

(1)砌体水平灰缝中钢筋的锚固长度不宜小于50d,且其水平或垂直弯折段长度不宜小于20d;钢筋的搭接长度不应小于55d。

(2)配筋砌块砌体剪力墙的灌孔混凝土中竖向受拉钢筋,钢筋搭接长度不应小于35d且不小于300mm。

（3）砌体与构造柱、芯柱的连接处应设2φ6拉结筋或φ4钢筋网片,间距沿墙高不应超过500mm（小砌块为600mm）；埋入墙内长度每边不宜小于600mm；对抗震设防地区不宜小于1m,钢筋末端应有90°弯钩。

2.构造柱、芯柱质量控制要点

（1）构造柱浇灌混凝土前,必须将砌体留槎部位和模板浇水湿润,将模板内的落地灰、砖渣和其他杂物清理干净,并在结合面处注入适量与构造柱混凝土相同的去石水泥砂浆。振捣时,应避免触碰墙体,严禁通过墙体传震。

（2）配筋砌块芯柱在楼盖处应贯通,并不得削弱芯柱截面尺寸。

（3）构造柱纵筋应穿过圈梁,保证纵筋上下贯通；构造柱箍筋在楼层上下各500mm范围内应进行加密,间距宜为100mm。

（4）墙体与构造柱连接处应砌成马牙槎,从每层柱脚起,先退后进,马牙槎的高度不应大于300mm,并应先砌墙后浇混凝土构造柱。

（5）小砌块墙中设置构造柱时,当设计未对与构造柱相邻的砌块孔洞作具体要求时,Ⅵ度（抗震设防烈度,下同）时宜灌实,Ⅵ度时应灌实,Ⅵ度时应灌实并插筋。

第七节　地基处理工程施工质量控制

一、地基处理工程质量控制基本知识

1.地基基础工程施工前,必须具备完备的地质勘查资料及工程附近管线、建筑物、构筑物和其他公共设施的构造情况资料,必要时应作施工勘查和调查以确保工程质量及邻近建筑的安全。必须有工程设计图纸、设计要求及需要达到的标准、检验手段等。

2.地基加固工程,应在正式施工前进行试验施工,论证设定的施工参数及加固效果。为验证加固效果所进行的载荷试验,其施加载荷应不低于设计载荷的两倍。

3.对灰土地基、砂和砂石地基、土工合成材料地基、粉煤灰地基、强夯地基、注浆地基、预压地基,其竣工后的结果（地基强度或承载力）必须达到设计要求的标准。检验数量,每单位工程不应少于3点；1000m²以上工程,每100m²至少应有1点；3000m²以上工程,每300m²至少应有1点。每一独立基础下至少应有1点,基槽每20延米应有1点。

4.对水泥土搅拌复合地基、高压喷射注浆桩复合地基、砂桩地基、振冲桩复合地基、土和灰土挤密桩复合地基、水泥粉煤灰碎石桩复合地基及夯实水泥土桩复合地基,其承载力检验,数量为总数的0.5%~1.0%,但不应少于3处。有单桩强度检验要求时,数量为总数的0.5%~1.0%,但不应少于3根。

5.除上述3、4项外,其他主控项目及一般项目可随意抽查,但对水泥土搅拌复合地基、高压喷射注浆桩复合地基、振冲桩复合地基、土和灰土挤密桩复合地基、水泥粉煤灰碎石桩复合地基及夯实水泥土桩复合地基至少应抽查20%。

二、换土地基质量控制基本技能

1.灰土地基

(1)灰土土料、石灰或水泥(当水泥替代灰土中的石灰时)等材料及配合比应符合设计要求,灰土应搅拌均匀。灰土的土料宜用黏土、粉质黏土。严禁采用冻土、膨胀土和盐渍土等活动性较强的土料。

(2)施工过程中应检查分层铺设的厚度、分段施工时上下两层的搭接长度、夯实时加水量、夯压遍数、压实系数。验槽发现有软弱土层或孔穴时,应挖除并用素土或灰土分层填实。最优含水量可通过击实试验确定。

(3)施工结束后,应检验灰土地基的承载力。

2.砂和砂石地基

(1)砂、石等原材料质量、配合比应符合设计要求,砂、石应搅拌均匀。原材料宜用中砂、粗砂、砾砂、碎石(卵石)、石屑。细砂应同时掺入25%~35%碎石或卵石。

(2)施工过程中必须检查分层厚度、分段施工时搭接部分的压实情况、加水量、压实遍数、压实系数。

(3)施工结束后,应检验砂石地基的承载力。

3.土工合成材料地基

(1)施工前应对合成材料的物理性能(单位面积的质量、厚度、比重)、强度、延伸率以及土、砂石料等做检验。土工合成材料以100m²为一批,每批应抽查5%。所用土工合成材料的品种与性能和填料土类,应根据工程特性和地基土条件,通过现场试验确定,垫层材料宜用黏性土、中砂、粗砂、砾砂、碎石等内摩阻力高的材料。如工程要求垫层排水,垫层材料应具有良好的透水性。

(2)施工过程中应检查清基、回填料铺设厚度及平整度、土工合成材料的铺设方向、接缝搭接长度或缝接状况、土工合成材料与结构的连接状况等。土工合成材料如用缝接法或胶接法连接,应保证主要受力方向的连接强度不低于所采用材料的抗拉强度。

4.强夯地基

(1)施工前应检查夯锤重量、尺寸,落距控制手段,排水设施及被夯地基的土质。为避免强夯振动对周边设施的影响,施工前必须对附近建筑物进行调查,必要时采取相应的防振或隔振措施,影响范围为10~15m。施工时应由邻近建筑物开始夯击逐渐向远处移动。

（2）施工中应检查落距、夯击遍数、夯点位置、夯击范围。如无经验,宜先试夯取得各类施工参数后再正式施工。对透水性差、含水量高的土层,前后两遍夯击应有一定间歇期,一般为2~4周。夯点超出需加固的范围为加固深度的1/3~1/2,且不小于3m。施工时要有排水措施。

（3）施工结束后,检查被夯地基的强度并进行承载力检验。质量检验应在夯后一定的间歇之后进行,一般为两周。

5.土和灰土挤密桩复合地基

（1）施工前对土及灰土的质量、桩孔放样位置等做检查。施工前应在现场进行成孔、夯填工艺和挤密效果试验,以确定填料厚度、最优含水量、夯击次数及干密度等施工参数质量标准。成孔顺序应先外后内,同排桩应间隔施工。填料含水量如过大,宜预干或预湿处理后再填入。

（2）施工中应对桩孔直径、桩孔深度、夯击次数、填料的含水量等做检查。

（3）施工结束后,应检验成桩的质量及地基承载力。

（4）土和灰土挤密桩地基质量检验标准应符合相关规定。

6.砂桩地基的质量控制

（1）施工前应检查砂料的含泥量及有机质含量、样桩的位置等。

（2）施工中检查每根砂桩的桩体、灌砂量、标高、垂直度。砂桩施工应从外围或两侧向中间进行,成孔宜用振动沉管工艺。

（3）施工结束后,应检查被加固地基的强度或承载力。砂桩施工间歇期为7天,在间歇期后才能进行质量检验。

三、桩基础施工质量控制基本技能

1.桩基础施工的一般要求

（1）桩位的放样允许偏差:群桩20mm,单排桩10mm。

（2）桩基工程的桩位验收,除设计有规定外,应按下述要求进行。

1）当桩顶设计标高与施工现场标高相同时,或桩基施工结束后,有可能对桩位进行检查时,桩基工程的验收应在施工结束后进行。

2）当桩顶设计标高低于施工场地标高,送桩后无法对桩位进行检查时,对打入桩可在每根桩桩顶沉至场地标高时,进行中间验收,待全部桩施工结束,承台或底板开挖到设计标高后,再做最终验收。对灌注桩可对护筒位置做中间验收。

桩顶标高低于施工场地标高时,如不做中间验收,在土方开挖后如有桩顶位移发生不易明确责任,究竟是土方开挖不妥,还是本身桩位不准(打入桩施工不慎,会造成挤土,导致桩位位移),加一次中间验收有利于责任区分,引起打桩及土方承包商的重视。

3)打（压）入桩（预制凝土方桩、先张法预应力管桩、钢桩）的桩位偏差,必须符合相关规定。斜桩倾斜度的偏差不得大于倾斜角正切值的15%（倾斜角系桩的纵向中心线与铅垂线间夹角）。

4)工程桩应进行承载力检验。对于地基基础设计等级为甲级或地质条件复杂、成桩质量可靠性低的灌注桩,应采用静载荷试验的方法进行检验,检验桩数不应少于总数的1%,且不应少于3根,当总桩数不少于50根时,检验桩数不应少于2根。

对重要工程（甲级）应采用静载荷试验来检验桩的垂直承载力。工程的分类按《建筑地基基础设计规范》的规定。关于静载荷试验桩的数量,

如果施工区域地质条件单一,当地又有足够的实践经验,数量可根据实际情况,由设计确定。承载力检验不仅是检验施工的质量,而且能检验设计是否达到工程的要求。因此,施工前的试桩如没有破坏又用于实际工程中应可作为验收的依据。非静载荷试验桩的数量,可按国家现行行业标准《建筑工程基桩检测技术规范》的规定。

5)桩身质量应进行检验。对设计等级为甲级或地质条件复杂、成桩质量可靠性低的灌注桩,抽检数量不应少于总数的30%,且不应少于20根;其他桩基工程的抽检数量不应少于总数的20%,且不应少于10根;对混凝土预制桩及地下水位以上且终孔后经过核验的灌注桩,检验数量不应少于总桩数的10%,且不得少于10根。每个柱子承台下不得少于1根。

桩身质量的检验方法很多,可按国家现行行业标准《建筑工程基桩检测技术规范》所规定的方法执行。打入桩制桩的质量容易控制,问题也较易发现,抽查数可较灌注桩少。

6)对砂、石子、钢材、水泥等原材料的质量、检验项目、批量和检验方法,应符合国家现行标准的规定。

7)除上述第④、⑤条规定的主控项目外,其他主控项目应全部检查,对一般项目,除已明确规定外,其他可按20%抽查,但混凝土灌注桩应全部检查。

2.混凝土预制桩

(1)桩在现场预制时,应对原材料、钢筋骨架、混凝土强度进行检查:采用工厂生产的成品桩时,桩进场后应进行外观及尺寸检查。混凝土预制桩可在工厂生产,也可在现场支模预制,为此,《建筑地基基础工程施工质量验收规范》列出了钢筋骨架的质量检验标准。对工厂的成品桩虽有产品合格证书,但在运输过程中容易碰坏,进场后应再做检查。

(2)施工中应对桩体垂直度、沉桩情况、桩顶完整状况、接桩质量等进行检查,对电焊接桩,重要工程应做10%的焊缝探伤检查。经常发生接桩时电焊质量较差,从而接头在锤击过程中断开,尤其接头对接的两端面不平整,电焊更不容易保证质量,对重要工程做X线拍片检查是完全必要的。

（3）施工结束后，应对承载力及桩体质量做检验。

（4）对长桩或总锤击数超过500击的锤击桩，应符合桩体强度及28d龄期的两项条件才能锤击。

混凝土桩的龄期，对抗裂性有影响，这是经过长期试验得出的结果，不到龄期的桩就像不足月出生的婴儿，有先天不足的弊端。经长时期锤击或锤击拉应力稍大一些便会产生裂缝。故有强度龄期双控的要求，但对短桩，锤击数又不多，满足强度要求一项应是可行的。有些工程进度较急，桩又不是长桩，可以采用蒸养以求短期内达到强度，即可开始沉桩。

3.混凝土灌注桩

（1）施工前应对水泥、砂、石子（如现场搅拌）、钢材等原材料进行检查，对施工组织设计中制定的施工顺序、监测手段（包括仪器、方法）也应检查。混凝土灌注桩的质量检验应较其他桩种严格，这是工艺本身的要求，再则工程事故也较多，因此，对监测手段要事先落实。

（2）施工中应对成孔、清渣、放置钢筋笼、灌注混凝土等进行全过程检查，人工挖孔桩尚应复验孔底持力层土（岩）性。嵌岩桩必须有桩端持力层的岩性报告。沉渣厚度应在钢筋笼放入后、混凝土浇注前测定，成孔结束后，放钢筋笼、混凝土导管都会造成土体跌落，增加沉渣厚度，因此，沉渣厚度应是二次清孔后的结果。沉渣厚度的检查目前均用重锤，有些地方用较先进的沉渣仪，这种仪器应预先做标定。人工挖孔桩一般对持力层有要求，而且到孔底察看土性是有条件的。

（3）施工结束后，应检查混凝土强度，并应作桩体质量及承载力的检验。

4.地基基础分部工程质量验收

（1）分项工程、分部（子分部）工程质量的验收，均应在施工单位自检合格的基础上进行。施工单位确认自检合格后提出工程验收申请，工程验收时应提供下列技术文件和记录。

1）原材料的质量合格证和质量鉴定文件。

2）半成品如预制桩、钢桩、钢筋笼等产品合格证书。

3）施工记录及隐蔽工程验收文件。

4）检测试验及见证取样文件。

5）其他必须提供的文件或记录。

（2）对隐蔽工程应进行中间验收。

（3）分部（子分部）工程验收应由总监理工程师或建设单位项目负责人组织勘查、设计单位及施工单位的项目负责人、技术质量负责人，共同按设计要求和本规范及其他有关规定进行。

（4）验收工作应按下列规定进行。

1)分项工程的质量验收应分别按主控项目和一般项目验收。

2)隐蔽工程应在施工单位自检合格后,于隐蔽前通知有关人员检查验收,并形成中间验收文件。

3)分部(子分部)工程的验收,应在分项工程通过验收的基础上,对必要的部位进行见证检验。

质量验收的程序与组织应按《建筑工程施工质量验收统一规范》的规定执行。作为合格标准主控项目应全部合格,一般项目合格数应不低于80%。

(5)主控项目必须符合验收标准规定,发现问题应立即处理,直至符合要求,一般项目应有80%合格。混凝土试件强度评定不合格或对试件的代表性有怀疑时,应采用钻芯取样,检测结果符合设计要求可按合格验收。

第五章　水利工程质量问题

根据国际标准化组织(ISO)和我国有关质量、质量管理和质量保证标准的定义，凡工程产品质量没有满足某个规定的要求，就视为质量不合格。本章主要对水利工程质量问题进行详细的讲解。

第一节　工程质量问题的成因与分类

凡是工程质量不合格，必须进行返修、加固或报废处理，由此造成直接经济损失低于5000元(规定限额)的称为质量问题；直接经济损失在5000元(含5000元)(规定限额)以上的称为工程质量事故。

监理工作中质量控制重点之一是加强质量风险分析，及早制定对策和措施，重视工程质量事故的防范和处理，避免已发生的质量问题和质量事故进一步恶化和扩大。

一、工程质量问题的成因

归纳其最基本的因素主要有以下几个方面：

(1)违背建设程序。建设程序是工程项目建设过程及其客观规律的反映，不按建设程序办事。

(2)违反法规行为。例如，无证设计，无证施工，越级设计，越级施工，工程招、投标中的不公平竞争，超常的低价中标，非法分包、转包、挂靠，擅自修改设计等行为。

(3)地质勘查失真。

(4)设计差错。

(5)施工与管理不到位。不按图施工或未经设计单位同意擅自修改设计。施工组织管理紊乱，不熟悉图纸，盲目施工；施工方案考虑不周，施工顺序颠倒；图纸未经会审，仓促施工；技术交底不清，违章作业；疏于检查、验收等，均可能导致质量问题。

(6)使用不合格的原材料、制品及设备。

(7)自然环境因素。

二、工程质量事故的分类

国家现行对工程质量事故通常采用按造成损失严重程度(人员伤亡或者直接经济损失)进行分类。根据《水利工程质量施工事故处理暂行规定》,工程质量事故按直接经济损失的大小,检查、处理事故对工期的影响时间长短和对工程正常使用的影响,分类为一般质量事故、较大质量事故、重大质量事故、特大质量事故。其中:

(1)一般质量事故指对工程造成一定经济损失或延误较短工期,经处理后不影响正常使用并不影响工程使用寿命的事故。

(2)较大质量事故指对工程造成较大经济损失或延误较短工期,经处理后不影响正常使用但对工程使用寿命有一定影响的事故。

(3)重大质量事故指对工程造成重大经济损失或较长时间延误工期,经处理后不影响正常使用但对工程使用寿命有较大影响的事故。

(4)特大质量事故指对工程造成特大经济损失或长时间延误工期,经处理仍对正常使用和工程使用寿命有较大影响的事故。

第二节　工程质量问题处理

一、工程质量问题的处理

(一)处理方式

1.当施工而引起的质量问题在萌芽状态,应及时制止,并要求施工单位立即更换不合格材料设备或不称职人员,或要求施工单位立即改变不正确的施工方法和操作工艺。

2.当因施工而引起的质量问题已出现时,应立即向施工单位发出"监理通知";要求其对质量问题进行补救处理,并采取足以保证施工质量的有效措施后,填报"监理通知回复单"报监理单位。

3.当某道工序或分项工程完工以后,出现不合格项,监理工程师应填写"不合格项处置记录",要求施工单位及时采取措施予以整改。监理工程师应对其补救方案进行确认,跟踪处理过程,对处理结果进行验收,否则不允许进行下道工序或分项的施工。

4.在交工使用后的保修期内发现的施工质量问题,监理工程师应及时签发《监理通知》,指令施工单位进行修补、加固或返工处理。

(二)处理依据

进行工程质量事故处理的主要依据以下有四个方面。

1.质量事故的实况资料

要搞清质量事故的原因和确定处理对策,首要的是要掌握质量事故的实际情况。有关质量事故实况的资料主要来自以下几个方面。

(1)施工单位的质量事故调查报告。质量事故发生后,施工单位有责任就所发生的质量事故进行周密的调查、研究掌握情况,并在此基础上写出调查报告,提交监理工程师和业主。在调查报告中首先就与质量事故有关的实际情况作详尽的说明,其内容应包括:质量事故发生的时间、地点,质量事故状况的描述,质量事故发展变化的情况,有关质量事故的观测记录、事故现场状态的照片或录像。

(2)监理单位调查研究所获得的第一手资料。其内容大致与施工单位调查报告中有关内容相似,可用来与施工单位所提供的情况对照、核实。

2.有关合同及合同文件

所涉及的合同文件可以是工程承包合同、设计委托合同、设备与器材购销合同、监理合同等。

3.有关的技术文件和档案

有关的技术文件和档案包括有关的设计文件、与施工有关的技术文件、档案和资料,如施工组织设计或施工方案、施工计划、施工记录、施工日志、有关建筑材料的质量证明资料、现场制备材料的质量证明资料和质量事故发生后对事故状况的观测记录、试验记录或试验报告等。

4.相关的建设法规

《中华人民共和国建筑法》颁布实施,对加强建筑活动的监督管理,维护市场秩序,保证建设工程质量提供了法律保障。与工程质量及质量事故处理有关的法规分以下五类。

(1)勘查、设计、施工、监理等单位资质管理方面的法规。《中华人民共和国建筑法》明确规定"国家对从事建筑活动的单位实行资质审查制度"。《建设工程勘查设计企业资质管理规定》《建筑业企业资质管理规定》和《工程监理企业资质管理规定》等。

(2)从业者资格管理方面的法规。《中华人民共和国建筑法》规定对注册建筑师、注册结构工程师和注册监理工程师等有关人员实行资格认证制度。

(3)建筑市场方面的法规。这类法律、法规主要涉及工程发包、承包活动,以及国家对建筑市场的管理活动。如《中华人民共和国合同法》和《中华人民共和国招标投标法》是国家对建筑市场管理的两个基本法律。这类法律、法规、文件主要是为了维护建筑市场的正常秩序和良好环境,充分发挥竞争机制,保证工程项目质量,提高建设水平。

(4)建筑施工方面的法规。《建筑工程勘查设计管理条例》和《建设工程质量管理条例》等,主要涉及施工技术管理、建设工程监理、建筑安全生产管理、施工机械设备管理和建设工程质量监督管理。它们与现场施工密切相关,因而与工程施工质量有密切关系或直接关系。

(5)关于标准化管理方面的法规。《工程建设标准强制性条文》和《实施工程建设强制性标准监督规定》是典型的标准化管理类法规。

(三)处理程序

1.工程质量事故发生后,总监理工程师应签发"工程暂停令",并要求停止进行质量缺陷部位和与其有关联部位及下道工序施工,应要求施工单位采取必要的措施,防止事故扩大并保护好现场。同时,要求质量事故发生单位迅速按类别和等级向相应的主管部门上报,并于24h内写出书面报告。质量事故报告应包括以下主要内容。

(1)事故发生的单位名称,工程(产品)名称、部位、时间、地点。

(2)事故概况和初步估计的直接损失。

(3)事故发生原因的初步分析。

(4)事故发生后采取的措施。

(5)相关各种资料(有条件时)。

各级主管部门处理权限及组成调查组权限如下:

特别重大质量事故由国家按有关程序和规定处理,重大质量事故由国家建设行政主管部门归口管理,严重质量事故由省、自治区、直辖市建设行政主管部门归口管理,一般质量事故由市、县级建设行政主管部门归口管理。

工程质量事故调查组由事故发生地的市、县以上建设行政主管部门或国家有关主管部门组织成立。特别重大质量事故调查组组成由国家批准;一、二级重大质量事故由省、自治区、直辖市建设行政主管部门提出组成意见,相应级别人民政府批准;三、四级重大质量事故由市、县级行政主管部门提出组成意见,相应级别人民政府批准;严重质量事故,调查组由省、自治区、直辖市建设行政主管部门组织;一般质量事故,调查组由市、县级建设行政主管部门组织;事故发生单位属国家部委的,由国家有关主管部门或其授权部门会同当地建设行政主管部门组织调查组。

2.监理工程师在事故调查组展开工作后,应积极协助,客观地提供相应证据,若监理方无责任,监理工程师可应邀参加调查组,参与事故调查;若监理方有责任,则应予以回避,但应配合调查组工作。质量事故调查组的职责如下:

(1)查明事故发生的原因、过程、事故的严重程度和经济损失情况。

(2)查明事故的性质、责任单位和主要责任人。

(3)组织技术鉴定。

(4)明确事故主要责任单位和次要责任单位,承担经济损失的划分原则。

(5)提出技术处理意见及防止类似事故再次发生应采取的措施。

(6)提出对事故责任单位和责任人的处理建议。

(7)写出事故调查报告。

3.当监理工程师接到质量事故调查组提出的技术处理意见后,可组织相关单位研究,并责成相关单位完成技术处理方案,予以审核签认。质量事故技术处理方案,一般应委托原设计单位提出,由其他单位提供的技术处理方案,应经原设计单位同意签认。技术处理方案的制定,应征求建设单位意见。

4.技术处理方案核签后,监理工程师应要求施工单位制定详细的施工方案设计,必要时应编制监理实施细则,对工程质量事故技术处理施工质量进行监理,技术处理过程中的关键部位和关键工序应进行旁站,并会同设计、建设等有关单位共同检查认可。

5.对施工单位完工自检后报验结果,组织有关各方进行检查验收,必要时应进行处理结果鉴定。要求事故单位整理编写质量事故处理报告,并审核签认,组织将有关技术资料归档。

工程质量事故处理报告主要内容:工程质量事故情况、调查情况、原因分析,质量事故处理的依据,质量事故技术处理方案,实施技术处理施工中有关问题和资料,对处理结果的检查鉴定和验收,质量事故处理结论。

6.签发《工程复工令》,恢复正常施工。

二、工程质量事故处理方案的确定及鉴定验收

1.工程质量事故处理方案的确定

本部分所指工程质量事故处理方案是指技术处理方案,工程质量事故处理方案类型包括修补处理(这是最常用的一类处理方案)、返工处理、不作处理。

某些工程质量问题虽然不符合规定的要求和标准构成质量事故,但视其严重情况,经过分析、论证、法定检测单位鉴定和设计等有关单位认可,对工程或结构使用及安全影响不大,也可不作专门处理。通常不用专门处理的情况包括:不影响结构安全和正常使用;有些质量问题,经过后续工序可以弥补;经法定检测单位鉴定合格;出现的质量问题,经检测鉴定达不到设计要求,但经原设计单位核算,仍能满足结构安全和使用功能。

2.工程质量事故处理的鉴定验收

质量事故的技术处理是否达到了预期目的,消除了工程质量不合格和工程质量问题,是否仍留有隐患。监理工程师应通过组织检查和必要的鉴定,进行验收并予以最终确认。

(1)检查验收

工程质量事故处理完成后,监理工程师在施工单位自检合格报验的基础上,应严

格按施工验收标准及有关规范的规定进行,结合监理人员的旁站、巡视和平行检验结果,依据质量事故技术处理方案设计要求,通过实际量测,检查各种资料数据进行验收,并应办理交工验收文件,组织各有关单位会签。

（2）必要的鉴定

为确保工程质量事故的处理效果,凡涉及结构承载力等使用安全和其他重要性能的处理工作,常需做必要的试验和检验鉴定工作。或质量事故处理施工过程中建筑材料及构配件保证资料严重缺乏,或对检查验收结果各参与单位有争议时,常见的检验工作包括:混凝土钻芯取样,用于检查密实性和裂缝修补效果,或检测实际强度;结构荷载试验,确定其实际承载力;超声波检测焊接或结构内部质量等。检测鉴定必须委托政府批准的有资质的法定检测单位进行。

（3）验收结论

对所有质量事故无论是经过技术处理、通过检查鉴定验收,还是无须专门处理的,均应有明确的书面结论。若对后续工程施工有特定要求,或对建筑物使用有一定限制条件,应在结论中提出。验收结论通常有以下几种:

1）事故已排除,可以继续施工。

2）隐患已消除,结构安全有保证。

3）经修补处理后,完全能够满足使用要求。

4）基本上满足使用要求,但使用时应有附加限制条件,例如限制荷载等。

5）对耐久性的结论。

6）对建筑物外观影响的结论。

7）对短期内难以作出结论的,可提出进一步观测检验意见。

对于处理后符合工程施工质量验收标准的,监理工程师应予以验收、确认,并应注明责任方主要承担的经济责任。对经加固补强或返工处理仍不能满足安全使用要求的分部工程、单位(子单位)工程,应拒绝验收。

第三节　工程质量事故原因分析

一、工程质量与质量事故的定义

在工程项目中,凡工程质量不符合建筑工程施工质量验收统一标准及各专业施工及质量验收标范、设计图纸要求,以及合同规定的质量要求,程度轻微的称为质量问题;造成一定经济损失或永久性缺陷的,都是工程质量事故。

工程质量事故按危害性分为重大质量事故和一般质量事故。按直接经济损失,工程质量问题和质量事故的划分如下:

1.直接经济损失在300万元以上的为一级重大质量事故。

2.直接经济损失在100万元以上,不满300万元的为二级重大质量事故。

3.直接经济损失在20万元以上,不满100万元的为三级重大质量事故。

4.直接经济损失在10万元以上,不满20万元的为四级重大事故。

5.直接经济损失在5000元以上,不满10万元的为一般质量事故。

6.直接经济损失在5000元以下的为质量问题。质量问题由企业自行处理。

二、工程质量事故的特点

1.复杂性

建设工程项目质量事故的复杂性主要表现在质量问题的影响因素比较复杂,一个质量问题往往是由多方面因素造成的,所以就使质量问题性质的分析、判断和质量问题的处理出现复杂化。

2.严重性

建设工程项目质量事故的后果比较严重,通常会影响工程项目的施工进度,延长工期,增加施工费用,造成经济损失;严重的会给工程项目造成隐患,影响工程项目的安全和正常使用;更严重的会造成结构物和建筑物倒塌,造成人员和财产的严重损失。

3.可变性

建设工程项目有时在建成初期,从表面上看,质量很好,但是经过一段时间的使用,各种缺陷和质量问题就暴露出来。而且工程项目的质量问题往往会随时间的变化而不断发展,从一般的质量缺陷,逐渐发展演变为严重的质量事故。如结构的裂缝,会随着地基的沉陷、荷载的变化、周围温度及湿度等环境的变化而不断扩大,一个细微的裂缝,也可以发展为结构件的断裂和结构物的倒塌。

4.多发性

建设工程项目的许多质量问题,甚至同一类型的质量问题,往往会经常和重复发生,形成多发性的质量通病,如房屋地面起砂、空鼓、屋面和卫生间漏水、墙面裂缝等。

三、工程质量事故原因

造成质量事故的原因很多,主要有以下几个方面。

1.违背建设程序

不经可行性论证,不做调查分析就拍板定案;没有搞清工程地质、水文地质就仓促开工;无证设计,无图施工;在水文气象资料缺乏、工程地质和水文地质情况不明、施工工艺不过关的条件下盲目兴建;任意修改设计,不按图纸施工;工程竣工不进行试车运转、不经验收就交付使用等盲干现象,致使不少工程项目留有严重隐患。

2.工程地质勘查原因

未认真进行地质勘查,提供的地质资料、数据有误;地质勘查时,钻孔间距太大,不能全面反映地基的实际情况,如当基岩地面起伏变化较大时,软土层厚薄相差也甚大;地质勘查钻孔深度不够,没有查清地下软土层、滑坡、墓穴、孔洞等地层构造;地质勘查报告不详细、不准确等。以下种种均会导致采用错误的基础方案,造成地基不均匀沉降、失稳,使上部结构及墙体开裂、破坏、倒塌。

3.未加固处理好地基

对软弱土、冲填土、杂填土、湿陷性黄土地、膨胀土、岩层出露、熔岩、土洞等不均匀地基未进行加固处理或处理不当,均是导致重大质量问题的原因。必须根据不同地基的工程特性,按照地基处理应与上部结构结合,使其共同工作的原则,从地基处理、设计措施、结构措施、防水措施、施工措施等方面综合考虑治理。

4.设计计算问题

设计考虑不同、结构构造不合理、计处简图不正确、计算荷载取值过小、内力分析有误、沉降缝及伸缩缝设置不当、悬挑结构未进行抗倾覆验算等,都是诱发质量问题的隐患。

5.建筑材料及制品不合格

诸如钢筋物理力学性能不符合标准,水泥受潮结块、过期、安定性不良,砂石级配不合理、有害物含量过多,混凝土配合比不准,外加剂性能、掺量不符合要求时,均会影响混凝土强度、和易性、密实性、抗渗性,导致混凝土结构强度不足、裂缝、渗漏、露筋等质量问题。预制构件断面尺寸不准,支承锚固长度不足,未可靠建立预应力值,错位,板面开裂等,必然会出现断裂、垮塌。

6.施工和管理问题

许多工程质量问题,往往是由施工和管理造成的,主要包括以下几个方面。

(1)不熟悉图纸,盲目施工,图纸未经会审,仓促施工;未经监理、设计部门同意,擅自修改设计。

(2)不按图纸施工。把铰接作成刚接,把简支梁作成连续梁,抗裂结构用光圆钢筋代替变形钢筋等,致使结构裂缝破坏;挡土墙不按图设滤水层、留排水孔,致使土压力增大,造成挡土墙倾覆。

(3)不按有关建筑施工验收规范(或安装施工及验收规范)施工。如现浇混凝土结构不按规定的位置和方法任意留设施工缝;不按规定的强度拆除模板;砌体不按组砌形式砌筑,留直槎不加拉结条,在小于1m宽的窗间墙上留设脚手眼等。

(4)不按有关操作规定施工。如用插入式振捣器捣实混凝土时,不根据插点均布、快插慢拔、上下抽动、层层扣搭的操作方法,致使混凝土振捣不实,整体性差;又如，砖砌体包心砌筑，上下通缝，灰浆不均匀饱满，不横平竖直等都是导致砖墙、砖柱破坏及倒塌的主要原因。

（5）缺乏基本结构知识，施工蛮干。如将钢筋混凝土预制梁倒放安装；装悬臂梁的受拉钢筋放在受压区；结构构件吊点选择不合理，不了解结构使用受力和吊装受力的状态；施工中在楼面超载堆放构件和材料等。这些行为均将给质量和安全造成严重的后果。

（6）施工管理紊乱。施工方案考虑不同，施工顺序错误；技术组织措施不当，技术交底不清，违章作业；不重视质量检查和验收工作等，都是导致质量问题的祸根。

（7）自然条件影响。建设工程项目施工周期长、露天作业多；受自然条件影响大，温度、湿度、日照、雷电、供水、大风、暴雨等都能造成重大的质量事故。施工中应特别重视，采取有效措施加以预防。

（8）建筑结构使用问题。建筑物使用不当，也易造成质量问题。如不经校核、验算、就在原有建筑物上任意加层，使用荷载不超过原设计的容许荷载，任意开槽、打洞、削弱承重结构的截面等。

（9）生产设备本身存在缺陷。

四、事故处理要求

事故处理通常应达到以下要求：安全可靠、不留隐患，满足使用或生产要求，经济合理，施工方便、安全。要达到上述要求，事故处理必须注意以下事项。

首先，应防止原有事故处理后引发新的事故；其次，应注意处理方法的综合应用，以取得最佳效果；最后，一定要消除事故根源，不可治表不治里。

为避免工程处理过程中或加固改造的过程中的倒塌，造成更大的人员和财产损失，应注意以下问题。

1.对于严重事故、岌岌可危、随时可能倒塌的建筑，在处理之前必须有可靠的支护。

2.对需要拆除的承重结构部件，必须事先制定拆除方案和安全措施。

3.凡涉及结构安全的，处理阶段的结构强度和稳定性十分重要，尤其是钢结构容易失稳问题引起足够重视。

4.重视处理过程中由附加应力引发的不安全因素。

5.在不卸载条件下进行结构加固，应注意加固方法的选择以及对结构承载力的影响。

目前，对新建施工，由于引进工程监理，在"三控三管一协调"方面发挥了重要作用。但对于建筑物的加固改造工程事故处理及检查验收工作重视程度还不够，应予以加强。

五、质量事故处理的依据

进行工程质量事故处理的主要依据有三个方面:质量事故的实况资料;具有法律效力的,得到有关当事各方认可的工程承包合同、设计委托合同、材料或设备购销合同以及监理合同或分包合同等合同文件;有关的技术文件、档案和相关的建设法规。

1.质量事故的实况资料

要搞清质量事故的原因和确定处理对策,首要的是要掌握质量事故的实际情况。有关质量事故实况的资料主要可来自以下几个方面。

(1)施工单位的质量事故调查报告。质量事故发生后,施工单位有责任就所发生的质量事故进行周密的调查、研究掌握情况,并在此基础上写出调查报告,提交监理工程师和业主。在调查报告中首先就与质量事故有关的实际情况作详尽的说明,其内容应包括:

1)质量事故发生的时间、地点。

2)质量事故状况的描述,包括发生的事故类型(如混凝土裂缝砖砌体裂缝);发生的部位(如楼层、梁、柱,及其所在的具体位置)、分布状态及范围、严重程度(如裂缝长度、宽度、深度等)。

3)质量事故发展变化的情况(其范围是否继续扩大程度是否已经稳定等)。

4)有关质量事故的观测记录、事故现场状态的照片或录像。

(2)监理单位调查研究所获得的第一手资料。

其内容大致与施工单位调查反告中有关内容相似,可用来与施工单位所提供的情况对照、核实。

2.有关合同及合同文件

(1)所涉及的合同文件可以是工程承包合同、设计委托合同、设备与器材购销合同、监理合同等。

(2)有关合同和合同文件在处理质量事故中的作用是确定在施工过程中有关各方是否按照合同有关条款实施其活动,借以探寻产生事故的可能原因。例如,施工单位是否在规定时间内通知监理单位进行隐蔽工程验收;监理单位是否按规定时间实施了检查验收;施工单位在材料进场时,是否按规定或约定进行了检验等。此外,有关合同文件还是界定质量责任的重要依据。

3.有关的技术文件和档案

(1)有关的设计文件。如施工图纸和技术说明等。它是施工的重要依据。在处理质量事故中,其作用一方面是可以对照设计文件,核查施工质量是否完全符合设计的规定和要求;另一方面是可以根据所发生的质量事故情况,核查设计中是否存在问题或缺陷,成为导致质量事故的原因之一。

(2)与施工有关的技术文件、档案和资料:

1)施工组织设计或施工方案、施工计划。

2)施工记录、施工日志等。根据它们可以查对发生质量事故的工程施工时的情况,如:施工时的气温、降雨、风、浪等有关的自然条件,施工人员的情况,施工工艺与操作过程的情况,使用的材料情况,施工场地、工作面、交通等情况,地质及水文地质情况等。借助这些资料可以追溯和探寻事故的可能原因。

3)有关建筑材料的质量证明资料。例如,材料批次、出厂日期、出厂合格证或检验报告、施工单位抽检或试验报告等。

4)现场制备材料的质量证明资料。例如,混凝土拌和料的级配、水灰比、坍落度记录;混凝土试块强度试验报告,沥青拌和料配比、出机温度和摊铺温度记录等。

5)质量事故发生后,对事故状况的观测记录、试验记录或试验报告等。例如,对地基沉降的观测记录,对建筑物倾斜或变形的观测记录,对地基钻探取样记录与试验报告,对混凝土结构物钻取试样的记录与试验报告等。

6)其他有关资料。上述各类技术资料对于分析质量事故原因,判断其发展变化趋势,推断事故影响及严重程度,考虑处理措施等都是不可缺少的。

4.监理单位编制质量事故调查报告

调查的主要目的是要明确事故的范围、缺陷程度、性质、影响和原因,为事故的分析和处理提供依据。

调查报告的内容主要包括:

(1)与事故有关的工程情况。

(2)质量事故的详细情况,诸如质量事故发生的时间、地点部位、性质、现状及发展变化情况等。

(3)事故调查中有关的数据、资料和初步估计的直接损失。

(4)质量事故原因分析与判断。

(5)是否需要采取临时防护措施。

(6)事故处理及缺陷补救的建议方案与措施。

(7)事故涉及的有关人员的情况。

事故原因分析是确定事故处理措施方案的基础。正确的处理来自对事故原因的正确判断。为此,监理工程师应当组织设计、施工、建设单位等各方参加事故原因分析。事故处理方案的制定应以事故原因分析为基础。如果某些事故一时认识不清,而且事故一时不致产生严重的恶化,可以继续进行调查、观测,以便掌握更充分的资料数据,做进一步分析,找出原因,以利制定处理方案;切忌急于求成,不能对症下药,采取的处理措施不能达到预期效果,造成反复处理的不良后果。

5.工程质量事故处理的程序

工程监理人员应熟悉各级政府建设行政主管部门处理工程质量事故的基本程序,特别是应把握在质量事故处理中如何履行自己的职责。工程质量事故发生后,监理人员可按以下程序进行处理。

六、工程质量事故分析处理的目的

工程质量事故分析处理的主要目的如下。

1.正确分析和妥善处理所发生的质量问题,以创造正常的施工条件。

2.保证建筑物、构筑物的安全使用,减少事故损失。

3.总结经验教训,预防事故重复发生。

4.了解结构实际工作状态,为正确选择结构计算简图,结构构造设计,修订规范、规程和有关技术措施提供依据。

七、工程质量事故成因分析

由于影响工程质量的因素众多,一个工程质量问题的实际发生,既可能是由于设计计算和施工图纸中存在错误,也可能是由于施工中出现不合格或质量问题,还可能是由于使用不当,或者由于设计、施工甚至使用、管理、社会体制等多种原因的复合作用。要分析究竟是哪种原因所引起的,必须对质量问题的特征表现,以及其在施工中和使用中所处的实际情况和条件进行具体分析。分析方法很多,将其基本步骤和要领概括如下。

1.基本步骤

(1)进行细致的现场研究,观察记录全部实况,充分了解与掌握引发质量问题的现象和特征。

(2)收集调查与问题有关的全部设计和施工资料,分析摸清工程在施工或使用过程中所处的环境及面临的各种条件和情况。

(3)找出可能产生质量问题的所有因素。分析、比较和判断,找出最可能造成质量问题的原因。

(4)进行必要的计算分析或模拟实验予以论证确认。

2.分析要领

分析的要领是进行逻辑推理,其基本原理如下。

(1)确定质量问题的初始点,即所谓原点,它是一系列独立原因集合起来形成的爆发点。因其分反映出质量问题的直接原因,故在分析过程中具有关键性作用。

(2)围绕原点对现场各种现象和特征进行分析,区别导致同类质量问题的不同原因,逐步揭示质量问题萌生、发展和最终形成的过程。

（3）综合考虑原因复杂性,确定诱发质量问题的起源点即真正原因。工程质量问题原因分析是对一堆模糊不清的事物和现象客观属性和联系的反映,它的准确性和管理人员的能力学识、经验和态度有极大关系,其结果不是简单的信息描述,而是逻辑推理的产物,其推理也可用于工程质量的事前控制。

3.事故调查报告

事故发生后,应及时组织调查处理。调查的主要目的确定事故的范围、性质、影响和原因等,通过调查为事故的分析与处理提供依据,一定要力求全面、准确、客观。调查结果,要整理撰写成事故调查报告,其内容如下。

（1）工程概况。重点介绍事故有关部分的工程情况。

（2）事故情况。事故发生时间、性质、现状及发展变化的情况。

（3）是否需要采取临时应急防护措施。

（4）事故调查中的数据、资料。

（5）事故原因的初步判断。

（6）事故涉及人员与主要责任者的情况等。

八、工程质量事故处理方案的确定

工程质量事故处理方案是指技术处理方案,其目的是消除质量隐患,以达到建筑物的安全可靠和正常使用各项功能及寿命要求,并保证施工的正常进行。其处理基本要求是:满足设计要求和用户的期望;保证结构安全可靠,不留任何质量隐患;符合经济合理的原则。

1.质量事故处理的依据

质量事故的处理需要分析事故的性质、事故的原因、事故责任的界定和事故处理措施研究和落实,这些问题的处理都必须依靠有效、客观、真实的依据为基础。

通常,质量事故处理的依据包括:

（1）施工承包合同、设计委托合同,材料、设备的订购合同。

（2）设计文件、质量事故发生部位的施工图纸。

（3）有关的技术文件,如材料和设备的检验、试验报告,新材料、新技术、新工艺技术鉴定书和试验报告,施工记录,有关的质量检测资料,施工方案,施工进度计划等。

（4）有关的法规、标准和规定。

（5）质量事故调查报告,质量事故发生后对事故状况的观测记录、试验记录和试验。

2.质量事故处理方案类型

（1）修补处理。这是最常用的处理方案。通常当工程的某个检验批、分项或分部的质量未达到规定的规范、标准或设计要求,存在一定缺陷,但通过修补或更换器具、设备后还可达到要求的标准，又不影响使用功能和外观要求，在此情况下，可以进行修补处理。修补处理的具体方案很多，诸如封闭保护、复位纠偏、结构补强、表面处理等。某些事故造成的结构混凝土表面裂缝，可根据其受力情况，仅作表面封闭保护。某些混凝土结构表面的蜂窝、麻面，经调查分析，可进行剔凿、抹灰等表面处理，一般不会影响其使用和外观。对较严重的问题，可能影响结构的安全性和使用功能，必须按一定的技术方案进行加固补强处理，这样往往会造成一些永久性缺陷，如改变结构处形尺寸，影响一些次要的使用功能等。

（2）返工处理。当工程质量未达到规定的标准和要求，存在着严重质量问题，对结构的使用和安全构成重大影响，且又无法通过修补处理时，可对检验批、分项、分部甚至整个工程返工处理。对某些存在严重质量缺陷，且无法采用加固补强修补处理或修补处理费用比原工程造价还高的工程，应进行整体拆除，全面返工。

（3）不做处理。某些工程质量问题虽然不符合规定的要求和标准，构成质量事故，但视其严重情况，经过分析、论证、法定检测单位鉴定和设计等有关单位的分析结果，可对工程或结构使用及安全影响不大的质量问题，也可不做专门处理。通常不用专门处理的情况有以下几种：

1）不影响结构安全和正常使用。例如，有的工业建筑物出现放线定位偏差，且严重超过规范标准规定，若要纠正会造成重大经济损失，若经过分析、论证其偏差不影响产生工艺和正常使用，在外观上也无明显影响，可不做处理。又如，某些隐蔽部位结构混凝土表面裂缝，经检查分析，属于表面养护不够的干缩微裂，不影响使用及外观，也可不做处理。

2）质量问题，经过后续工序可以弥补。例如，混凝土表面轻微麻面，可通过后续的抹灰、喷涂或刷白等工序弥补，可不做专门处理。

3）法定检测单位鉴定合格。例如，某检验批混凝土试块强度值不满足规范要求，强度不足，若在法定检测单位，对混凝土实体采用非破损检验等方法测定其实际强度已达规范允许和设计要求值时，可不做处理。已经检测未达要求值，但相差不多，经分析论证，只要使用前经再次检测达到设计强度，也可不做处理，但应严格控制施工荷载。

4）出现的质量问题，经检测鉴定达不到设计要求，但经原设计单位核算，仍能满足结构安全和使用功能。

3.工程质量事故处理方案选择的辅助方法

（1）试验验证，即对某些有严重质量缺陷的项目，可采取合同规定的常规试验方法进一步进行验证，以便确定缺陷的严重程度。例如，混凝土构件的试件强度低于要求的标准不太大（例如10%以下）时，可进行加载试验，以证明其是否满足使用要求。又如，公路工程的沥青面层厚度误差超过了规范允许的范围，可采用弯曲试验，检查路面的整体强度等。

（2）定期观测。有些工程，在发现其质量缺陷时，其状态可能尚未达到稳定，缺陷仍会继续发展。在这种情况下一般不宜过早作出决定，可以对其进行一段时间的观测，然后再根据情况做出决定。属于这类的质量问题的如桥墩或其他工程的基础在施工期间发生沉降超过预计的或规定的标准；混凝土表面发生裂缝，并处于发展状态等。有些有缺陷的工程，短期内其影响可能不十分明显，需要较长时间的观测才能得出结论。

（3）专家论证。对于某些工程质量问题，可能涉及技术领域比较广泛，或问题很复杂，有时难以决策，这时可提请专家论证。采用这种方法时，应事先做好充分准备，尽早为专家提供尽可能详尽的情况和资料，以便使专家能够进行充分的、全面和细致的分析、研究，提出切实的意见与建议。

（4）方案比较。这是比较常用一种方法。同类型和同一性质的事故可先设计多种处理方案，然后结合当地的资源情况、施工条件等逐项给出权重，做出对比，从而选择具有较高处理效果又便于施工的处理方案。例如，结构构件承载力达不到设计要求，可采用改变结构构造来减少结构内力、结构卸荷或结构补强等不同处理方案，可将其每一方案按经济、工期、效果等指标列项并分配相应权重值，进行对比，辅助决策。

第四节　水利工程质量事故的处理

一、事故处理的必备条件

建筑工程质量事故分析的最终目的是处理事故。由于事故处理具有复杂性、危险性、连锁性、选择性及技术难度大等特点，必须持科学、谨慎的观点，并严格遵守一定的处理程序。

1.处理目的明确。

2.事故情况清楚。

一般包括事故发生的时间、地点、过程、特征描述、观测记录及发展变化规律等。

3.事故性质明确。

通常应明确三个问题：是结构性还是一般性问题，是实质性还是表面性问题；事故处理的紧迫程度。

4.事故原因分析准确、全面。

事故处理就像医生给人看病一样，只有弄清病因，方能对症下药。

5.事故处理所需资料应齐全。

资料是否齐全直接影响到分析判断的准确性和处理方法的选择。

二、事故分类与事故报告

1.质量事故的概念

根据《水利工程质量事故处理暂行规定》,水利工程质量事故是指在水利工程建设过程中,由于建设管理、监理、勘测、设计、咨询、施工、材料、设备等原因造成工程质量不符合规程规范和合同规定的质量标准,影响工程使用寿命和对工程安全运行造成隐患和危害的事件。工程建设中,原则上是不允许出现质量事故的。但由于工程建设过程中各种因素综合作用又很难完全避免,工程如出现质量事故后,有关方面应及时对事故现场进行保护,防止遭到破坏,影响今后对事故的调查和原因分析。在有些情况下,如不采取防护措施,事故有可能进一步扩大时,应及时采取可靠的临时性防护措施,防止事故发展,以免造成更大的损失。

2.事故的分类

工程质量事故的分类方法很多,有按事故发生的时间进行分类的,有按事故产生原因进行分类的,有按事故造成的后果或影响程度进行分类的,有按事故处理的方式进行分类的,有按事故的性质进行分类的。

3.水利工程质量事故的特点

由于工程建设项目不同于一般的工业生产活动,其项目实施的一次性,建设工程特有的流动性、综合性,劳动的密集性及协同作业关系的复杂性,构成了建设工程质量事故具有复杂性、严重性和可变性的特点。

(1)复杂性

为了满足各种特定使用功能的需要,适应各种自然环境,水利水电工程品种繁多,类型各异,即使是同类型同级别的水工建筑物,也会因其所处的地理位置不同,地质、水文及气象条件的变化,带来施工环境和施工条件的变化。尤其需要注意的是,造成质量事故的原因错综复杂,同一性质、同一形态的质量事故,其原因有时截然不同。同时水利水电工程在使用过程中也会出现各种各样的问题。所有这些复杂的因素,必然导致工程质量事故的性质、危害程度以及处理方法的复杂性。

(2)严重性

水利水电工程一旦发生工程质量事故,不仅影响工程建设的进程,造成一定的经济损失,还可能会给工程留下隐患,降低工程的使用寿命,严重威胁人民生命财产的安全。在水利水电工程建设中,最为严重、影响最恶劣的是垮坝或溃堤事故,不仅造成严重的人员伤亡和巨大的经济损失,还会影响国民经济和社会的发展。

(3)可变性

水利水电工程中相当多的质量问题是随着时间、条件和环境的变化而发展的。因此,一旦发生质量问题,就应及时进行调查和分析,针对不同情况采取相应的措施。

对于那些可能要进一步发展,甚至会酿成质量事故的,要及时采取应急补救措施,进行必要的防护和处理;对于那些表面问题,也要进一步查清内部结构情况,确定问题性质是否会转化;对于那些随着时间、水位、温度或湿度等条件的变化可能会进一步加剧的质量问题,要注意观测,做好记录,认真分析,找出其发展变化的特征或规律,以便采取必要有效的处理措施,使问题得到妥善处理。

4.质量事故报告

发生质量事故后,项目法人必须将事故的简要情况向项目主管部门报告。项目主管部门接事故报告后,按照管理权限向上级水行政主管部门报告。较大质量事故逐级向省级水行政主管部门或流域机构报告;重大质量事故逐级向省级水行政主管部门或流域机构报告,并抄报水利部;特大质量事故逐级向水利部和有关部门报告。

根据《水利工程质量事故处理暂行规定》,水利工程质量事故是指在水利工程建设过程中,由于建设管理、监理、勘测、设计、咨询、施工、材料、设备等原因造成工程质量不符合规程规范和合同规定的质量标准,影响工程使用寿命和对工程安全运行造成隐患及危害的事件。需要注意的问题是,水利工程质量事故可以造成经济损失,也可以造成人身伤亡。这里主要是指没有造成人身伤亡的质量事故。

根据《水利工程质量事故处理暂行规定》,事故发生后,事故单位要严格保护现场,采取有效措施抢救人员和财产,防止事故扩大。因抢救人员、疏导交通等原因需移动现场物件时应做出标志、绘制现场简图并作出书面记录,妥善保管现场重要痕迹、物证,并进行拍照或录像。

发生质量事故后,项目法人必须将事故的简要情况向项目主管部门报告。项目主管部门接到事故报告后,按照管理权限向上级水行政主管部门报告。发生(发现)较大质量事故重大质量事故、特大质量事故,事故单位要在48 h内向有关单位提出书面报告。有关事故报告应包括以下主要内容:

(1)工程名称、建设地点、工期,项目法人、主管部门及负责人电话。

(2)事故发生的时间、地点、工程部位及相应的参建单位名称。

(3)事故发生的简要经过、伤亡人数和直接经济损失的初步估计。

(4)事故发生原因初步分析。

(5)事故发生后采取的措施及事故控制情况。

(6)事故报告单位、负责人以及联络方式。

三、事故处理的基本要求

根据《水利工程质量事故处理暂行规定》,因质量事故造成人员伤亡的,还应遵从国家和水利部伤亡事故处理的有关规定。其中质量事故处理的基本要求如下。

1.质量事故处理的原则

(1)根据《水利工程质量事故处理暂行规定》,发生质量事故必须坚持"事故原因不查清楚不放过、主要事故责任者和职工未受到教育不放过、补救和防范措施不落实不放过"的原则,认真调查事故原因,研究处理补救措施,查明事故责任者,做好事故处理工作。

(2)事故调查应及时、全面、准确、客观,并认真做好记录。

(3)事故处理要建立在调查的基础上。

(4)根据调查情况,及时确定是否采取临时防护措施。

(5)事故处理要建立在原因分析的基础上,既要避免无根据地蛮干,又要防治谨小慎微地把问题复杂化。

(6)事故处理方案既要满足工程安全和使用功能的要求,又要经济合理、技术可行、施工方便。

(7)事故处理过程要有检查记录,处理后进行质量评定和验收方可投入使用或下一阶段施工。

(8)对每一个工程事故,无论是否需要进行处理,都要经过分析,明确作出结论。

(9)根据质量事故造成的经济损失,坚持谁承担事故责任谁负责的原则。质量事故的责任者大致有业主、监理单位、设计单位、施工单位和设备材料供应单位等。

2.水利工程质量事故分级管理制度

(1)水利部负责全国水利工程质量事故处理管理工作,并负责部属重点工程质量事故处理工作。

(2)各流域机构负责本流域水利工程质量事故处理管理工作,并负责本流域投资为主的、省(自治区、直辖市)界及国际边界河流上的水利工程质量事故处理工作。

(3)各省、自治区、直辖市水利(水电)厅(局)负责本辖区水利工程质量事故处理管理工作和所属水利工程质量事故处理工作。

3.质量事故处理的一般程序

(1)发现质量事故。

(2)报告质量事故。发生质量事故,无论谁发现质量事故都应立即报告。

(3)调查质量事故。为了弄清事故的性质、危害程度、查明其原因,为分析和处理事故提供依据,有关方面应根据事故的严重程度组织专门的调查组,对发生的事故进行详细的调查。事故调查一般应从以下几个方面入手:工程情况调查,事故情况调查,地质水文资料,中间产品、构件和设备的质量情况,设计情况、施工情况,施工期观测情况,运行情况等。

(4)分析事故原因。

(5)研究处理方案。

（6）确定方案设计。

（7）处理方案实施。

（8）检查验收。

（9）结论。

4.质量事故的调查

根据《水利工程质量事故处理暂行规定》，发生质量事故，要按照规定的管理权限组织调查组进行调查，查明事故原因，提出处理意见，提交事故调查报告。

事故调查组成员由主管部门根据需要确定并实行回避制度。

（1）一般事故由项目法人组织设计、施工、监理等单位进行调查，调查结果报项目主管部门核备。

（2）较大质量事故由项目主管部门组织调查组进行调查，调查结果报上级主管部门批准并报省级水行政主管部门核备。

（3）重大质量事故由省级以上水行政主管部门组织调查组进行调查，调查结果报水利部核备。

（4）特大质量事故由水利部组织调查。

（5）调查组有权向事故单位，各有关单位和个人了解事故的有关情况。有关单位和个人必须实事求是地提供有关文件或材料，不得以任何方式阻碍或干扰调查组正常工作。

（6）事故调查组提交的调查报告经主持单位同意后，调查工作即告结束。

（7）事故调查费用暂由项目法人垫付，待查清责任后，由责任方负担。

（8）事故调查组的主要任务：查明事故发生的原因、过程、财产损失情况和对后续工程的影响，组织专家进行技术鉴定，查明事故的责任单位和主要责任者应负的责任，提出工程处理和采取措施的建议，提出对责任单位和责任者的处理建议，提交事故调查报告。

5.工程处理

根据《水利工程质量事故处理暂行规定》，发生质量事故，必须针对事故原因提出工程处理方案，经有关单位审定后实施。

（1）一般事故，由项目法人负责组织有关单位制定处理方案并实施，报上级主管部门备案。

（2）较大质量事故，由项目法人负责组织有关单位制定处理方案，经上级主管部门审定后实施，报省级水行政主管部门或流域机构备案。

（3）重大质量事故，由项目法人负责组织有关单位提出处理方案，征得事故调在组意见后，报省级水行政主管部门或流域机构审定后实施。

（4）特大质量事故，由项目法人负责组织有关单位提出处理方案，征得事故调查组意见后,报省级水行政主管部门或流域机构审定后实施,并报水利部备案。

(5)事故处理解要进行设计变更的,需原设计单位或有资质的单位提出设计变更方案。需要进行重大设计变更的,必须经原设计审批部门审定后实施。

(6)事故部位处理完成后,必须按照管理权限经过质量评定与验收后,方可投入使用或进入下一阶段施工。

6.事故处罚

(1)对工程事故责任人和单位需进行行政处罚的,由县以上水行政主管部门或经授权的流域机构按照上述第5条规定的权限和《水行政处罚实施办法》进行处罚。

特大质量事故和降低或吊销有关设计、施工、监理、咨询等单位资质的处罚,由水利部或水利部会同有关部门进行处罚。

(2)由于项目法人责任酿成质量事故,令其立即整改;造成较大以上质量事故的,进行通报批评、调整项目法人;对有关责任人处以行政处分;构成犯罪的,移送司法机关依法处理。

(3)由于监理单位责任造成质量事故,令其立即整改并可处以罚款;造成较大以上质量事故的,处以罚款、通报批评、停业整顿降低资质等级,直至吊销水利工程监理资质证书;对主要责任人处以行政处分,取消监理从业资格,收缴监理工程师资格证书、监理岗位证书;构成犯罪的,移送司法机关依法处理。

(4)由于咨询、勘测、设计单位责任造成质量事故,令其立即整改并可处以罚款;造成较大以上质量事故的,处以通报批评,停业整顿,降低资质等级,吊销水利工程勘测、设计资格;对主要责任人处以行政处分,取消水利工程勘测、设计执业资格;构成犯罪的,移送司法机关依法处理。

(5)由于施工单位责任造成质量事故,令其立即自筹资金进行事故处理,并处以罚款;造成较大以上质量事故的,处以通报批评、停业整顿、降低资质等级直至吊销资质证书;对主要责任人处以行政处分、取消水利工程施工执业资格;构成犯罪的,移送司法机关依法处理。

(6)由于设备、原材料等供应单位责任造成质量事故,对其进行通报批评、罚款;构成犯罪的,移送司法机关依法处理。

(7)对监督不到位或只收费不监督的质量监督单位处以通报批评、限期整顿,重新组建质量监督机构;对有关责任人处以行政处分、取消质量监督资格;构成犯罪的,移送司法机关依法处理。

(8)对隐情不报或阻碍调查组进行调查工作的单位或个人,由主管部门视情节给予行政处分;构成犯罪的,移送司法机关依法处理。

(9)对不按本规定进行事故的报告、调查和处理而造成事故进一步扩大或贻误处理时机的单位和个人,由上级水行政主管部门给予通报批评,情节严重的,追究其责任人的责任;构成犯罪的,移送司法机关依法处理。

(10)因设备质量引发的质量事故,按照《中华人民共和国产品质量法》的规定进行处理。

(11)工程建设中未执行国家和水利部有关建设程序、质量管理、技术标准的有关规定,或违反国家和水利部项目法人责任制、招标投标制、建设监理制和合同管理制及其他有关规定而发生质量事故的,对有关单位或个人从严从重处罚。

7.质量缺陷的处理

根据《水利工程质量事故处理暂行规定》,小于一般质量事故的质量问题称为质量缺陷。水利工程应当实行质量缺陷备案制度。

(1)对因特殊原因,使工程个别部位或局部达不到规范和设计要求(不影响使用),且未能及时进行处理的工程质量缺陷问题(质量评定仍为合格),必须以工程质量缺陷备案形式进行记录备案。

(2)质量缺陷备案的内容包括:质量缺陷产生的部位、原因,对质量缺陷是否处理和如何处理以及对建筑物使用的影响等。内容必须真实、全面、完整,参建单位(人员)必须在质量缺陷备案表上签字,有不同意见应明确记载。

(3)质量缺陷备案资料必须按竣工验收的标准制备,作为工程竣工验收备查资料存档。质量缺陷备案表由监理单位组织填写。

(4)工程项目竣工验收时,项目法人必须向验收委员会汇报并提交历次质量缺陷的备案资料。

四、水利工程质量事故的调查处理

根据《水利工程质量事故处理暂行规定》,有关单位接到事故报告后,必须采取有效措施,防止事故扩大,并立即按照管理权限向上级部门报告或组织事故调查和处理。

1.水利工程质量事故调查

(1)发生质量事故,要按照规定的管理权限组织调查组进行调查,查明事故原因,提出处理意见,提交事故调查报告。事故调查组成员实行回避制度。

(2)事故调查管理权限按以下原则确定:

1)一般事故由项目法人组织设计、施工、监理等单位进行调查,调查结果报项目主管部门核备。

2)较大质量事故由项目主管部门组织调查组进行调查,调查结果报上级主管部门批准并报省级水行政主管部门核备。

3)重大质量事故由省级以上水行政主管部门组织调查组进行调查,调查结果报水利部核备。

4)特别重大质量事故由水利部组织调查。需要注意的是,根据《生产安全事故报告和调查处理条例》的规定,特别重大质量事故是指造成30人以上死亡,或者100人以上重伤(包括急性工业中毒),或者1亿元以上直接经济损失的事故。

特别重大质量事故由国家或者国家授权有关部门组织事故调查组进行调查。

(3)事故调查的主要任务如下:

1)查明事故发生的原因、过程、经济损失情况和对后续工程的影响。

2)组织专家进行技术鉴定。

3)查明事故的责任单位和主要责任人应负的责任。

4)提出工程处理和采取措施的建议。

5)提出对责任单位和责任人的处理建议。

6)提出事故调查报告。

(4)根据《水利工程建设重大质量与安全事故应急预案》,事故调查报告应当包括以下内容:

1)发生事故的工程基本情况。

2)调查中查明的事实。

3)事故原因分析及主要依据。

4)事故发展过程及造成的后果(包括人员伤亡、经济损失)分析、评估。

5)采取的主要应急响应措施及其有效性。

6)事故结论。

7)事故责任单位、事故责任人及其处理建议。

8)调查中尚未解决的问题。

9)经验教训和有关水利工程建设的质量与安全建议。

10)各种必要的附件等。

(5)事故调查组有权向事故单位、各有关单位和个人了解事故的有关情况。有关单位和个人必须实事求是地提供有关文件或材料,不得以任何方式阻碍或干扰调查组正常工作。

(6)事故调查组提出的事故调查报告经主持单位同意后,调查工作即告结束。

2.水利工程质量事故处理的要求

根据《水利工程质量事故处理暂行规定》,因质量事故造成人员伤亡的,还应遵从国家和水利部伤亡事故处理的有关规定。其中质量事故处理的基本要求如下。

(1)质量事故处理原则

发生质量事故,必须坚持"事故原因不查清楚不放过、主要事故责任者和职工未受教育不放过、补救和防范措施不落实不放过。责任人未受处理不放过"的原则,认真调查事故原因。研究处理措施、查明事故责任,做好事故处理工作。

（2）质量事故处理职责划分

发生质量事故后，必须针对事故原因提出工程处理方案，经有关单位审定后实施。

1）一般质量事故，由项目法人负责组织有关单位制定处理方案并实施，报上级主管部门备案。

2）较大质量事故，由项目法人负责组织有关单位制定处理方案，经上级主管部门审定后实施，报省级水行政主管部门或流域备案。

3）重大质量事故，由项目法人负责组织有关单位提出处理方案，征得事故调查组意见后，报省级水行政主管部门或流域机构审定后实施。

4）特大质量事故，由项目法人负责组织有关单位提出处理方案，征得事故调在组意见后，报省级水行政主管部门或流域机构审定后实施，并报水利部备案。

3.事故处理中设计变更的管理

事故处理需要进行设计变更的，需原设计单位或有资质的单位提出设计变更方案；需要进行重大设计变更的，必须经原设计审批部门审定后实施。

事故部位处理完毕后，必须按照管理权限经过质量评定与验收后，方可投入使用或进入下一阶段施工。

4.质量缺陷的处理

根据《水利工程质量事故处理暂行规定》，小于一般质量事故的质量问题称为质量缺陷。所谓"质量缺陷"，是指小于一般质量事故的质量问题，即因特殊原因，致使工程个别部位或局部达不到规范和设计要求（不影响使用）且未能及时进行处理的工程质量问题（质量评定仍为合格）。

（1）对因特殊原因，致得工程个别部位或局部达不到规范和设计要求（不影响使用），且未能及时进行处理的工程质量缺陷问题（质量评定仍为合格），必须以工程质量缺陷备案形式进行记录备案。

（2）质量缺陷备案的内容包括：质量缺陷产生的部位，原因，对质量缺陷是否处理和如何处理，对建筑物使用的影响等。内容必须真实、全面、完整，参建单位（人员）必须在质量缺陷备案表上签字，有不同意见应明确记录。

（3）质量缺陷备案资料必须按竣工验收的标准制备，作为工程竣工验收备查资料存档。质量缺陷备案表由监理单位组织填写。

（4）工程项目竣工验收时，项目法人必须向验收委员会汇报并提交历次质量缺陷的备案资料。

第六章　水利工程施工安全技术交底与安全检查

建设工程施工前,施工单位负责项目管理的技术人员应当对有关安全施工的技术要求向施工作业班组、作业人员作出详细说明,并由双方签字确认。本章主要对水利工程施工安全基本知识进行详细的讲解。

第一节　安全技术交底

安全技术交底是针对工程特点和施工组织设计,按照安全技术规程、规范和方案措施相关要求,在施工作业之前对施工人员进行重点说明,以落实安全操作规程和安全技术措施。

一、基本要求

(一)安全技术交底的组织

1.工程开工前,施工项目部的技术总负责人必须将工程概况、施工方法、施工工艺、施工程序、安全技术措施,向项目部施工技术人员、施工作业队(区)负责人、班组长进行安全施工技术措施及专项方案总交底。

2.分部、分项(单元)工程施工一般应在分部、分项施工前逐一进行安全技术交底,分部、分项施工一般由技术负责人组织向相关技术人员、施工作业队(区)负责人、班组长进行全面、详细的安全技术交底。

对同类或不同类分部、分项(单元)工程可以一次或多次交底;工种安全技术交底应在该工种进入施工现场前进行第一次安全作业技术交底,在施工期间,应结合作业环境的改变进行多次交底。

3.各项施工作业前,负有安全技术交底责任的管理人员要以书面形式和清楚、简洁的方法,组织对相关施工作业操作人员进行安全技术交底,双方签字确认。

4.施工项目部安全技术交底一般应实行两级交底,即项目部组织技术管理人员向施工作业队(区)负责人、班组长和现场施工员进行安全技术交底,上述被交底人员负责向一线施工作业人员作安全技术交底。

(二)安全技术交底的一般要求

1.安全技术交底应根据不同施工作业内容、不同施工阶段来区分不同工种,进行分部、分项(单元)和分工种交底。

2.结构复杂的分部工程和危险性较大需要编制专项施工方案的工程,应由施工项目部的技术负责人和(或)专职安全管理人员组织进行全面、详细的安全技术交底。

3.技术交底必须具体、明确、针对性强(采用技术交底标准文本时,必须填写补充交底内容),分部、分项(单元)工程安全技术交底主要针对施工中给作业人员带来的潜在危险因素和存在的问题。

4.交叉施工时,定期向由两个以上作业队和多工种作业进行书面交底。

5.安全技术交底工作,必须以书面形式记录交底时间、地点、内容,交底人与被交底要履行签字手续。

(三)安全技术交底的主要内容

1.本施工项目的施工作业环境、作业特点和危险源。

2.针对危险源的具体预防措施。

3.应注意的施工场所环境(如高压线、地下管线等)、用电防火和季节性特点的安全生产事项。

4.相应的安全操作规程和标准。

5.多工种交叉作业时,各工种安全防护措施。

6.发生事故后采取的避难和应急措施。

二、图纸会审

图纸会审,顾名思义就是在收到设计图和设计文件后,召集各参建单位(建设单位、监理单位、施工单位)有关技术和管理人员,对准备施工的项目设计图纸等设计资料进行集中、全面、细致的熟悉,审查出施工图中存在的问题及不合理情况,并将有关问题和情况提交设计单位进行处理或调整的活动。简言之,图纸会审是指工程各参建单位在收到设计单位图纸后,组织有关人员对图纸进行全面细致的熟悉、审查,找出图纸中存在的问题和不合理情况,经整理并提交设计单位处理的活动。图纸会审一般由建设单位负责组织并记录,会审的目的是使各参建单位特别是施工单位熟悉设计图纸,领会设计意图,了解工程施工的特点及难点,查找需要解决的技术难点并据此制定解决方案,达到将设计缺陷及时掌握并解决的目的。就施工单位的技术和管理人员而言,审查的目的不外乎以下四点:

一是让技术人员通过图纸审查熟悉设计图纸,解决不明白的地方,使各类专业技术人员首先在技术上做到心中有数,为以后在实际工作中如何按图施工创造条件并提前做好各自相应的技术准备,同时,通过图纸会审使土建、电气、机械、金属结构和自动化等各专业有关技术如何进行配合有一个初步方案。

二是集中商讨设计中体现的该项目技术重点和难点。每一个施工项目都有其技术重点和难点,事先对该项目的重点和难点进行共同商讨,使主要专业技术和管理人员心中统一重点和难点目标,有利于这些重点和难点问题的解决。

三是通过图纸会审查找设计上的不足和差错。任何设计尤其是一些复杂项目的设计都不可能是尽善尽美的,都或多或少存在一些不足甚至错误,尤其现在有不少设计人员几乎是大学毕业后就进了设计部门,根本没有施工经验,纸上谈兵的设计经常出现,给施工人员带来很大麻烦甚至无法施工,这就要求施工单位凭借施工经验,通过图纸会审程序,查找图纸中的毛病和欠缺,以此弥补设计人员考虑不周的地方,使设计更完善和合理。

四是通过图纸会审及时考虑和安排如何满足设计要求的施工实施方案,为以后的顺利施工奠定基础。

图纸会审工作是一步仔细的审查工作程序,对较大或较复杂的项目,应该由企业总工程师和技术职能部门负责组织项目部有关专业技术人员和主要管理人员共同多参加审查,有的企业还邀请主要设计人员共同参加,一般项目应该由项目总工程师带队,召集项目部有关各类专业技术人员和主要管理人员并邀请企业技术主管部门人员参加审查。

三、技术交底

技术交底是指在某一单位工程开工前,或一个分部(分项)和重要单元工程开工前,由项目总工程师等技术主管人员,向参与该工程或工序的施工人员进行的技术方面的交代,其目的是使施工人员对工程或工序特点、技术和质量要求、施工方法及措施、安全生产及工期等有一个较详细的了解和掌握,以便于各工种或班组合理组织施工,最大限度地避免或减少质量、安全等事故的发生。各种技术交底记录应作为技术档案资料保存,是将来移交的技术资料的组成部分。

技术交底分为设计交底和施工设计交底,设计交底即设计图纸交底,一般由建设单位组织,由设计人员(各专业)向施工人员(各单位、各专业)进行的技术交底,主要交代设计功能与特点、设计意图与要求。重点和难点部位注意事项等。施工设计技术交底又分为集中技术交底和阶段技术交底,集中技术交底由项目总工程师负责在进场前或进场后对参加该项目建设的各部门负责人及各专业技术人员进行项目结构、技术要求、工期、施工方案等的全面交底工作。

四、现场测量

控制桩和高程点的准确交接和维护是确保工程项目准确实施的关键和基础,在此出现问题将是根本性的,严重者将导致整个项目废弃或不能发挥其应有的作用,造成的损失是巨大的或无法挽回的,因此,交接过程必须按规程进行,以防将来出现测量问题,据此追究有关人员的责任。测量人员对签字后的资料要妥善保管。为了保证测量工作进展顺利无误,希望各施工企业加强测量专业人员的培训和锻炼,同时,跟上科技的发展,及时更新单位的测量设备,有责任心的专业人才又有技术先进的设备,才能保证测量工作圆满顺利。

至此,测量人员根据现场具体情况布设适合施工要求的测量控制网和现场高程控制点,并将控制网、点进行必要复核并加固后,绘出控制网、点书面资料。同时,按测量规范定期对网、点进行复核和检查,如有变化随时矫正。

各控制桩和高程点均要设置其复核或恢复桩、点以防损坏后能及时补充。复核或恢复桩、点的设置可近可远,应根据具体情况考虑,复核或恢复桩、点既不能没有又不能过多。若没有,则一旦桩、点损坏会影响正常使用。过多则容易出现混乱导致差错。对现场的控制桩、点,测量人员必须根据进度和工程实施情况及时绘制书面资料并随时进行调整,对已经废弃的桩、点应及时处理掉,以免被误用导致错误。

测量人员必须随时熟悉图纸,根据图纸尺寸和高程掌握现场测量布局和高程控制,同时,测量人员必须提前一步放好下一步施工部位的控制桩和点,否则,就会影响工期,在上道工序施工期间,测量人员要随时到现场观察施工部位的情况,发现桩、点不能满足要求时应及时增补,以后据此进行。

测量工作是一项细致、具体、专业性强的工作,关乎整个工程的准确就位和进度,因此,测量人员必须根据现场具体情况,将内业和外业工作进行良好结合,同时,由于施工现场随时都可能发生影响测量的情况,又必须根据新情况进行完善或弥补。

测量工作和质检工作必须配合,互相检查互相监督,质检工作用的桩、点都是测量人员布设的,所以,测量和质检不可分割,不能使用各自不同的桩、点,即施工现场只能有一套由测量人员专门布设的,兼顾测量和质检要求的统一控制桩、点,否则,测量和质检各自为政各有各的桩、点,将导致桩、点混乱,势必出现差错。

工程竣工验收并移交后,项目部测量人员应将最终使用的有效桩、点绘制详细的书面资料。交付业主单位有关技术人员,并带领业主单位技术人员现场查验各桩、点,以便业主单位将来在工程管理运行期间,对工程运行监管发挥控制和检测作用,这是施工企业对业主应该尽的义务,也是项目部测量人员的职责。对交付给业主的测量桩、点必须准确无误,现场实物与书面资料一致。

五、试验检测

负责现场试验的人员,进场前根据设计资料确定现场常规试验设备型号、规格、数量等,需要鉴定地到有资质的部门及时进行鉴定。对符合要求的设备妥善包装,以防运输途中造成损坏,同时编制出装运清单。运至工地的设备应对照清单注意开封检查有无损坏或遗失,一旦有损坏或遗失应及时维修或查找。设备到场后,应根据事先确定的实验室将各种设备按规定安装就位并进行使用前的试用,将试用数据与规范数据比对后,在稳定的允许误差内即可将试验情况书面报项目总工程师复核,无误后报监理工程师审查后使用。

为了提高工作效率并能及时对现场工作进行检测,希望各施工企业尽量配齐配全合格的常规试验检测设备,最起码要按照投标文件提供的设备数量和型号配置,不能说一套做一套。而现实中,言行不一的单位不在少数,投标时投标文件中几乎要什么有什么,而中标后几乎要什么又没什么,这样的企业是不负责任的企业,业主或监理人员应对照其投标文件和试验规范行使其配齐配全相关设备,否则,必将影响工程的正常实施或发生虚假资料。作为负责人的施工企业,有义务按照投标文件配备相应设备,这不仅是企业的承诺也是对自己和项目负责。

对混凝土工程,进场后根据项目经理或总工联系的供料厂家或供货商,事先提取水泥、钢材、地材、外加剂等样品,到有资质的试验部门进行混凝土配比试验、钢筋物理性能试验和钢筋焊接试验等,并将设计要求提供给试验部门,合格后经项目监理工程师审查汇报项目总工程师或项目经理订货并签订供货合同。正常工作期间,试验人员随时对进场的水泥、钢材、地材、外加剂等进行取样检查,对地材还要根据季节和天气情况测试沙石料含水量,对外加剂要根据混凝土设计要求和试验规定添加,据此调整混凝土配合比,并据此开具当日混凝土浇筑配比并留好当日试验资料。

试验人员要根据试验情况确定各部位混凝土的养护、拆模等时间和方法,以确保成型混凝土不因养护和拆模时间不足和方法不对而造成损坏。

对土方工程,试验人员在开工前根据规范规定确定试验段,据此提取试验段土方进行含水量、压实度、铺土厚度、压实设备等数据,报总工程师审查后,报监理工程师审核,无误后,将试验结果对项目经理汇报,可以据此全面铺开工作面。工作面铺开后,试验人员要根据取土场土层和含水量情况,随时进行快速检验,据检验数据通知现场进行铺土厚底、碾压遍数等的调整,并根据天气情况调整铺土厚底和碾压遍数。试验工作也是质量验收的重要依据,一切资料必须满足各种验收要求,项目部总工要具体把关,监理工程师要随时监管,这就需要试验人员把日常工作中的各种试验资料及时整理归档,防止缺项、漏项、遗失、损坏等,为防止以上问题发生后给项目造成不必要的损失,实验室应设置专门资料存放档案柜并妥善保存,非项目部主要管理和技术人员最好不进实验室。项目经理在职工会议上一定要郑重强调这一点,也包括测量资料、质检资料、采购资料、财务资料、订货计划等。

第二节 安全检查

安全检查是指对生产过程及安全管理中可能存在的隐患、有害与危险因素、缺陷等进行查证,以确定隐患或有害与危险因素、缺陷的存在状态,以及它们转化为事故的条件,以便制定整改措施,消除隐患和有害与危险因素,确保生产安全。

《安全生产法》第三十八条规定,生产经营单位的安全生产管理人员应当根据本单位的生产经营特点,对安全生产状况进行经常性检查;对检查中发现的安全问题,应当立即处理;不能处理的,应当及时报告本单位有关负责人。检查及处理情况应当记录在案。

安全检查是安全管理工作的重要内容,也是消除隐患、防止事故发生、改善劳动条件的重要手段。通过安全检查可以发现生产经营单位生产经营活动中的危险因素,以便有计划地制定纠正措施,保证生产的安全。安全检查涉及生产系统本身及其各个环节以及与生产有关的各个方面,包括不安全状态、潜在危险、人为因素等,因此检查应力求系统化、完整化、不漏掉任何可能导致危险的关键因素。

一、基本要求

(一)安全检查方式

施工项目部应针对现场作业情况、重点部位和重要环节,采取日常、定期/不定期、专项等多种安全检查方式。

1.日常安全检查包括班前、班后岗位安全检查,施工人员自检、互检、交接检查,班中巡回检查,专职安全员和其他负有安全管理职责的人员,在各自工作范围内经常对作业现场进行安全巡回检查,项目部安全检查。

2.定期安全检查包括:定期检查包括确定时间的检查或工程特定阶段性检查,季节性的春季防火大检查,雨季防触电,夏季防中暑、防洪讯、防倒塌,冬季防冻及防火检查,节假日前的安全检查等。不定期安全检查包括:施工项目开工前、停工与复工前后,进入新阶段施工;生产安全事故发生后或国内同行业发生了重大事故,需要及时组织有针对性的安全检查;突击性检查等。

3.专项安全检查包括对某项专业(如施工机械、脚手架、电气、围堰挡水、临时用电、消防设施、现场锅炉、压力容器、危险物品、防护器具、运输车辆等)存在的普遍安全问题分别进行的专项检查。

(二)安全检查组织形式

安全检查应根据安全检查内容及对象,明确实施各级检查的组织、责任人员、责任分工。

1.施工项目部采取定期(不定期)检查方式,组织各有关职能部门,对施工安全进行全面检查(一般每月至少组织一次)。

2.由项目部组织,有关专业技术部门和专业人员对危险性较大的专项检查项目进行专项安全检查。

3.日常安全检查是由专职安全员、施工现场管理人员、班组长在工作职责范围内对所管辖的区域进行的安全检查。专职安全员对上述人员的活动情况实施监督与检查。

(三)安全检查主要内容

安全检查内容一般有两大方面:一是各级管理人员对安全施工规章制度的建立与落实,二是施工现场安全措施的落实和有关安全规定的执行情况,以劳动条件、生产设备、现场管理、安全设施以及安全行为为主。

按照各类安全检查涉及对象和目标不同,检查的内容也应在广度和深度上有所区别、侧重,做到检查横向到边,纵向到底,不留死角。

1.日常安全检查内容。检查内容包括现场安全组织、安全防护措施、班组安全活动、"三违"现象、安全用电情况、事故隐患、文明施工等。

2.专项安全检查。检查内容包括安全技术措施和专项安全技术方案、安全技术交底、安全技术检测与安全评价、现场安全组织、安全防护措施、"三违"现象、事故隐患、重大环境因素监控等。

3.定期、不定期安全检查。检查内容包括:在日常和专项检查的基础上,查安全管理组织机构运转、安全管理制度完善和目标考核管理,查现场安全管理、安全检查工作落实情况,查安全教育培训、查安全防护措施、查特种设备及危险源的管理、查应急预案及演练情况、查"三违"现象、查事故隐患等。

(四)安全检查一般要求

1.施工项目部应按《水利水电工程施工通用安全技术规程》、《水利工程施工安全检查标准》、工程建设强制性标准(施工安全部分)及相关标准、规范进行检查。

2.每种安全检查都应明确检查目的、检查项目、内容及标准,特殊过程、关键部位应重点检查。

3.各种形式的安全检查都应认真填写检查记录,检查记录应真实客观反映各类检查发现的安全问题和事故隐患。安全检查记录包括:检查和被检查对象的基本信息、检查内容、存在问题及要求、进行隐患整改和复查的情况。

4.检查频次的要求:安全检查时间应依据国家有关安全生产法规、安全技术规范和各级政府安全监管要求,并结合施工单位安全管理实际确定各级安全检查的具体时机和数量。定期安全检查一般要求工程项目部每月至少组织一次,作业队(工区)班组每周组织一次检查;日常安全检查要求专职安全员应坚持施工现场巡回检查,各级负有安全管理责任人员在施工检查的同时检查安全生产;对安全用电、用火、消防、安全值班等各有关规定的执行情况经常突击检查,以加强对危险源安全监控。

5.作业班组要做好班前安全会、班中巡回检查和班后安全小结的班组安全活动,尤其作业前必须对作业环境进行认真检查,做到身边无隐患。

6.分包单位必须建立相应的安全检查制度,除参加总包单位组织的检查外。必须坚持自检,及时发现、纠正、整改本责任区的违章、安全隐患。对危险源和重点部位要跟踪检查,做到预防为主。

7.工程项目部应针对查出的安全隐患和问题逐项研究,及时制定整改措施,做到"三定",即定措施、定责任人、定整改期限。并将整改和复查情况记录在案。

8.对各级检查发现的安全隐患,实行《安全隐患整改通知》管理,重大安全隐患应及时上报。

9.施工安全隐患整改完成后,应通知有关部门及时复查,经复查整改合格后销案。

二、各类设施、设备及临时用电安全技术检查验收

各类设施、设备及施工临时用电在安装运行前要组织有关单位进行安全验收,确保达到相应的安全技术要求后方可投入使用。验收单位要依据相应的设计要求、规程、规范、标准以及施工现场实际情况组织验收并形成档案资料。

(一)设施、设备安全检查验收资料

1.脚手架安全检查验收

(1)落地式脚手架安全检查验收表。

(2)悬挑式脚手架安全检查验收表。

2.起重机安全检查验收

塔式起重机安装安全检查验收表。

3.井架龙门架安全检查验收

井架与龙门架搭设安全检查验收表。

4.砂石料生产系统检查验收

砂石料生产系统安全检查验收表。

5.混凝土拌和系统检查验收

混凝土拌和系统安全检查验收表。

6.安全防护及模板支撑系统的检查验收

(1)基坑支护安全检查验收表。

(2)模板安全检查验收表。

(3)"三宝""四口"安全检查验收表。

7.其他设备机械的检查验收

(1)启闭机及闸门安全检查验收表。

（2）船舶安全检查验收表。

（3）施工机械（推土机、铲运机、挖掘机、装载机等）安全检查验收表。

（4）中小型施工机具安全检查验收表。

8.施工现场防火检查验收

（1）施工现场防火检查验收表。

（2）一级动火作业审查许可表。

（3）二级动火作业审查许可表。

（4）三级动火作业审查许可表。

9.有关安全检查验收的其他资料

（1）现场安全设施清单。

（2）现场机械设备清单。

（3）其他。

（二）临时用电安全检查验收档案

1.临时用电安全检查验收表。

2.施工现场电气设备检测记录表。

3.电阻测定记录：接地电阻测试记录表、电气绝缘电阻测试记录表。

4.临时用电专项、定期安全检查记录表。

5.电工维修工作记录。

6.其他相关内容：施工用电设备明细表、配电箱每日检查记录表、漏电保护器检测记录表。

（三）基本要求

1.本部分所列主要是大型设施、设备、机械安全检查验收记录，项目部可根据施工现场实际使用机械设备情况制定其他的检查验收表并组织进行验收。

2.施工用电管理主要包括在计划、实施过程中需要进行的施工组织设计、计算、检查、记录、验收等。施工现场临时用电必须建立安全技术档案。临时用电施工设计必须由电气工程技术人员编制，项目部技术负责人审核批准后实施。临时用电必须经编制、审核批准部门和使用单位共同验收，合格后方可投入使用。

3.《特种设备安全监察条例》规定的施工起重机械，在验收前应当由具有资质的检验检测机构检验合格。

4.各种设备设施的质量保证资料一般应包括：

①制造单位关于该产品的质量合格证明、安全检验检测证明、安装使用说明书等产品文件。

②安装技术资料和特种设备检验检测机构的检测、检验合格文件。

③特种设备改造及维修文件。

第七章　水利工程施工安全管理

安全事故是指造成人员伤害、职业病、财产损失或其他损失的意外伤害,对生产安全事故的报告、调查、处理应按照有关法律法规执行。本章主要对水利工程施工安全管理进行详细的讲解。

第一节　安全事故管理

施工单位应当制定本单位的安全事故应急预案,建立应急救援组织,并定期组织演练。

一、安全生产委员会职责

1.安全生产委员会主要职责

(1)在国家领导下,负责研究部署、指导协调全国安全生产工作;

(2)研究提出全国安全生产工作的重大方针政策;

(3)分析全国安全生产形势,研究解决安全生产工作中的重大问题;

(4)完成国家交办的其他安全生产工作。

2.安委会工作机构设置和主要职责

设立国家安全生产委员会办公室(简称安委会办公室),作为安委会的办事机构。安委会办公室设在应急管理部,办公室主任由应急管理部部长兼任。

安委会办公室主要职责如下:

(1)研究提出安全生产重大方针政策和重要措施的建议。

(2)监督检查、指导协调国家有关部门和各省、自治区、直辖市人民政府的安全生产工作。

(3)组织国家安全生产大检查和专项督查;参与研究有关部门在产业政策、资金投入、科技发展等工作中涉及安全生产的相关工作。

(4)负责组织国家特别重大事故调查处理和办理结案工作。

(5)组织协调特别重大事故应急救援工作。

（6）指导协调全国安全生产行政执法工作。

（7）承办安委会召开的会议和重要活动,督促、检查安委会会议决定事项的贯彻落实情况。

（8）承办安委会交办的其他事项。

二、水利工程安全事故处理

（一）基本概念和术语

1.伤亡事故,指企业职工在生产劳动过程中,发生的人身伤害、急性中毒。

2.损失工作日,指被伤害者失能的工作时间。

3.暂时性失能伤害,指伤害及中毒者暂时不能从事原岗位工作的伤害。

4.永久性部分失能伤害,指伤害及中毒者肢体或某些器官部分功能不可逆的丧失的伤害。

5.永久性全失能伤害,指除死亡外一次事故中,受伤者造成完全残废的伤害。

6.轻伤指损失工作日低于105日的失能伤害。

7.重伤,指相当于损失工作日等于和超过105日的失能伤害。

8.直接责任者,是指在事故发生中有必须因果关系的人。

9.主要责任者,是指在事故发生中属于主要地位或起主要作用的人。

10.重要责任者,是指在事故责任中,负一定责任,起一定作用,但不起主要作用的人。

11.领导责任者,是指忽视安全生产,管理混乱,规章制度不健全,违章指挥,冒险蛮干,对工人不认真进行安全教育、不认真消除事故隐患,或者出现事故以后仍不采取有力措施,致使同类事故重复发生的单位领导。

（二）事故分类

《生产安全事故报告和调查处理条例》规定,根据生产安全事故造成的人员伤亡或者直接经济损失,事故分为特别重大事故、重大事故、较大事故和一般事故。

1.特别重大事故,是指造成30人以上死亡,或者100人以上重伤(包括急性工业中毒),或者1亿元以上直接经济损失的事故。

2.重大事故,是指造成10人以上30人以下死亡,或者50人以上100人以下重伤,或者5000万元以上1亿元以下直接经济损失的事故。

3.较大事故,是指造成3人以上10人以下死亡,或者10人以上50人以下重伤,或者1000万元以上5000万元以下直接经济损失的事故。

4.一般事故,是指造成3人以下死亡,或者10人以下重伤,或者1000万元以下直接经济损失的事故。

注意:上述所称的"以上"包括本数,所称的"以下"不包括本数。

(三)工程安全事故的处理程序

施工生产场所发生安全事故后,负伤人员或最先发现事故的人应立即报告项目领导。项目安全技术人员根据事故的严重程度及现场情况立即上报上级业务系统,并及时填写伤亡事故表上报企业。企业发生重伤和重大伤亡事故,必须立即将事故概况(含伤亡人数、发生事故时间、地点、原因等),用最快的办法分别报告企业主管部门、行业安全管理部门和当地劳动部门、公安部门、检察院及工会。发生重大伤亡事故,各有关部门接到报告后应立即转告各自的上级管理部门,其处理程序如下。

1.迅速抢救伤员、保护事故现场

事故发生后,现场人员切不可惊慌失措,要统一指挥,有组织地迅速抢救伤员和排除险情,尽量制止事故蔓延扩大。同时,为了事故调查分析的需要,应注意保护好事故现场。如因抢救伤员和排除险情而必须移动现场构件时,还应准确做出标记,最好拍出不同角度的照片,为事故调查提供可靠的原始事故现场。

2.组织调查组

企业在接到事故报告后,主要负责人、业务部门领导和有关人员应立即赶赴现场组织抢救,并迅速组织调查组开展调查发生人员轻伤、重伤事故,由企业负责人或指定的人员组织施工生产技术、安全,劳资、工会等有关人员组成事故调查组,进行调查。死亡事故由企业主管部门会同现场所在地的市(或区)劳动部门、公安部门、人民检察院、工会组成事故调查组,进行调查。重大死亡事故应按企业的隶属关系,由省、自治区、直辖制企业主管部门或国家有关主管部门,公安、监察、检察部门、工会组成事故调查组,进行调查。调查组也可邀请有关专家和技术人员参加,调查组成员中与发生事故有直接利害关系的人员不得参加调查工作。

3.现场勘查

现场勘查必须及时、全面、细致、准确、客观地反映事故的原始面貌,其主要内容如下:

1)作出笔录。包括发生事故的时间、地点、气象等;现场勘查人员的姓名、单位、职务;现场勘查起止时间、勘查过程;能量逸散所造成的破坏情况、状态、程度;设施设备损坏情况及事故发生前后的位置;事故发生前的劳动组合,现场人员的具体位置和行动;重要物证的特征,位置及检验情况等。

2)实物拍照。包括:方位拍照,反映事故现场周围环境中的位置;全面拍照,反映事故现场各部位之间的联系;中心拍照,反映事故现场中心情况;细目拍照,揭示事故直接原因的痕迹物、致害物;人体拍照:反映伤亡者主要受伤和造成伤害的部位。

3)现场绘图。根据事故的类别和规模以及调查工作的需要应绘制出下列示意图:建筑物平面图、剖面图,事故发生时人员位置及疏散(活动)图,破坏物立体图或展开图,涉及范围图,设备或工、器具构造图等。

4.分析事故原因、确定事故性质

事故调查分析的目的是通过调查研究,搞清事故原因,以便从中吸取教训,采取相应措施,防止类似事件发生,分析的步骤和要求如下:

(1)通过详细的调查、查明事故发生的经过。

(2)整理和仔细阅读调查资料,对受伤部位、受伤性质、起因物、致害物、伤害方法,不安全行为和不安全状态七项内容进行分析。

(3)根据调查所确认的事实,从直接原因入手,逐渐摸查到间接原因。通过对原因的分析、确定出事故的直接责任者和领导责者,根据在事故发生中的作用,找出主要责任者。

(4)确定事故的性质。如责任事故非责任事故或破坏性事故。

(5)根据事故发生的原因,找出防止发生类似事故的具体措施,应定人、定时间、定标准,完成措施的全部内容。

5.写出事故调查报告

事故调查组完成上述几项工作后,应立即把事故发生的经过、原因、责任分析、处理意见及本次事故的教训、估算和实际发生的损失、单位对本事故提出的改进安全生产工作的意见和建议等写成文字报告,经调查组成员会签后报有关部门审批。如组内意见不统一,应进一步弄清事实,对照政策法规反复研究,统一认识。不可强求一致,但报告中应言明情况,以便上级在必要时进行重点复查。

6.事故的审理和结案

事故的审理和结案,同企业的隶属关系及干部管理权限一致。一般情况下,县办企业和县以下企业由县审批;地、市办的企业由地、市审批;省、自治区、直辖市企业发生的重大事故,由直属主管部门提出处理意见,征得劳动部门意见,报主管委、办、厅批复。住房和城乡建设部对事故的审批和结案有以下几点要求:

(1)事故调查处理结论报出后,须经当地有关有审批权限的机关审批后方能结案。并要求伤亡事故处理工作在90日内结案,特殊情况也不得超过180日。

(2)对事故责任者的处理,应根据事故情节轻重、各种损失大小,责任轻重加以区分,予以严肃处理。

(3)清理资料进行专门存档。存档的主要内容有:职工伤亡事故登记表;职工重伤、死亡事故调查报告书、现场勘查资料记录,图纸、照片等;技术鉴定和实验报告;物证,人证调查材料;医疗部门对伤亡者的诊断及影印件;事故调查组的调查报告;企业或主管部门对事故所作的结案申请报告;受理人员的检查材料;有关部门对事故的结案批复;等等。

第二节　安全教育培训

安全教育培训是指根据《安全生产法》《建筑工程安全生产管理条例》《水利工程建设安全生产管理规定》等法律法规对施工单位主要负责人、项目负责人、专职安全管理人员、特种作业人员及其他从业人员进行教育培训。安全教育培训是把安全工作关口前移,是安全控制工作的重要环节。通过对相关人员的培训,提高全员的安全意识和安全操作技能,提升安全管理水平和防止事故发生,从而实现安全生产。

一、基本要求

安全教育培训计划要对培训的人员、教材内容、培训形式、培训时间、考核办法等作出规定,安全教育培训计划由安全管理部门制定并报施工单位主要负责人签批后实施。

(一)安全生产教育培训的对象

1. 水利工程施工单位的主要负责人、项目负责人、专职安全生产管理人员必须进行安全培训,经水行政主管部门考核合格并取得安全生产资格证书后,方可担任相应职务。

2. 施工单位主要负责人和安全生产管理人员初次安全培训时间不得少于32学时。每年再培训时间不得少于12学时。

3. 特种作业人员上岗前,必须进行专门的安全技术理论和实际操作技能的教育培训,增强其安全生产意识,取得特种作业操作资格后方可上岗,特种作业人员由相关主管部门或其委托的考核机构考核发证。

4. 新工人应进行公司、项目部(工段、区、队)、班组三级安全生产教育培训,岗前培训时间不少于24学时。

5. 从业人员调整工作岗位或离岗一年以上重新上岗时,应进行相应的项目部(工段、区、队)和班组两级安全生产教育培训。

施工单位要确立终身教育的观念和全员培训的目标,对在岗的从业人员应进行经常性的安全生产教育培训。

(二)安全生产教育培训的主要内容

1. 生产经营单位主要负责人教育培训的主要内容

(1)国家安全生产方针、政策和有关安全生产的法律、法规、规章及标准。

(2)安全生产管理基本知识、安全生产技术、安全生产专业知识。

(3)重大危险源管理、重大事故防范、应急管理和救援组织以及事故调查处理的有关规定。

（4）职业危害及其预防措施。

（5）国内外先进的安全生产管理经验。

（6）典型事故和应急救援案例分析。

2.对安全生产管理人员的教育培训的主要内容

（1）国家有关安全生产的方针、政策、法律和法规及有关行业的规章、规程、规范和标准。

（2）安全生产管理、安全生产技术、职业卫生等知识。

（3）伤亡事故统计、报告及职业危害的调查处理方法。

（4）应急管理、应急预案编制以及应急处置的内容和要求。

（5）国内外先进的安全生产管理经验。

（6）典型事故和应急救援案例分析。

3.新工人（包括新招收的合同工、临时工、学徒工、农民工及实习和代培人员）参加"三级安全教育"的内容。

（1）公司教育。进行安全基本知识、法规、法制教育，主要内容如下：

1）国家的安全生产方针、政策。

2）安全生产法规、标准和法制观念。

3）本单位施工过程安全生产制度、安全纪律。

4）本单位安全生产形势及历史上发生的重大事故及应吸取的教训。

5）发生事故后如何抢救伤员、排险、保护现场和及时进行报告。

（2）项目教育。进行现场规章制度和遵章守法教育，主要内容如下：

1）本单位施工特点及施工安全基本知识。

2）本单位（包括施工、生产现场）安全生产制度、规定及安全注意事项。

3）本工种安全技术操作规程。

4）高处作业、机械设备、电气安全基本知识。

5）防火、消毒、防尘、防暴知识及紧急情况安全处置和安全疏散知识。

6）防护用品发放标准及使用基本知识。

（3）班组教育。进行本工种安全操作及班组安全制度、纪律教育，主要内容如下：

1）本班组作业特点及安全操作规程。

2）班组安全活动制度及纪律。

3）爱护和正确使用安全防护装置（设施）及个人劳动防护用品。

4）本岗位易发生事故的不安全因素及防范对策。

5）本岗位作业环境及使用的机械设备、工具的安全要求。

（4）特种作业人员的培训实行全国统一培训大纲、统一考核教材、统一证件的制度。其培训内容见《特种作业人员安全技术培训大纲及考核标准》。

（5）经常性教育培训的内容：安全注意事项、安全生产情况；施工或检修前安全措施交底；在作业现场工作时安全宣传教育，督促安全规章制度的贯彻执行；组织安全技术知识讲座、竞赛；组织事故分析会、现场会的安全教育，分析造成事故的原因、责任、教训，制定防范事故重复发生的措施；组织安全技术交流，安全生产展览，张贴宣传画、标语，设置警示标志，以及利用广播、录像等方式进行安全教育；通过由安全技术部门召开的安全例会、专题会、表彰会、座谈会，总结、评比安全生产工作。

（6）转岗（离岗后重新上岗）的培训内容为"三级安全教育"中项目教育和班组教育的内容。

（三）安全生产教育培训的形式和方法

安全教育培训方法与一般教学方法一样，在实际应用中，要根据培训内容和培训对象灵活选择。安全教育可采用讲授法、实际操作演练法、案例研讨法、读书指导法、宣传娱乐法等。

经常性安全培训教育的形式有：每天的班前会上说明安全注意事项，安全活动日，安全生产会议，各类安全生产业务培训班，事故现场会，张贴安全生产招贴画、宣传标语及标志，安全文化知识竞赛等。

（四）其他有关教育培训的要求

1. 节假日前后、上岗前、事故后、工作环境改变时，应进行针对性的安全教育。

2. 对分包队伍进场安全教育及平时安全教育进行管理。

3. 新进职工必须经过三级安全教育才能上岗。

4. 做好教育培训记录。

5. 安全教育培训时间应符合《生产经营单位安全培训规定》等有关要求。

6. 企业实施新工艺、新技术或使用新设备、新材料时，应对从业人员进行有针对性的安全生产教育培训。

7. 班组安全教育活动于每班工作开始前，各作业班组长必须对本班组全体人员进行不少于15min的班前安全活动交底；班组长要将安全讲话内容进行记录，各成员应在记录上签名。

二、基础概念术语

1. 安全

对于安全的定义，人们从不同侧面对安全进行了描述。归纳起来有代表的包括以下几种：

（1）安全是指没有危险，不受威胁、不出事故的一种过程和状态。

（2）安全是指免除了不可接受的损害风险的状态。

安全是不发生不可接受的风险的一种状态。当风险的程度是合理的，在经济、身体、心理上是可承受的,即可认为处在安全状态。当风险达到不可接受的程度时,则形成不安全状态。不可接受的损害风险指,超出了法律法规的要求,超出了方针、目标和企业规定的其他要求,超出了人们普遍接受程度要求等。安全与否要对照风险的接受程度来判定。随着时间、空间的变化,可接受的程度会发生变化,从而使安全状态也产生变化。因此,安全是一个相对性的概念。例如,汽车交通事故每天都会发生,也会造成一定的人员伤亡和财产损失,这就是定义中的"风险"。但相对于每天的交通总流量,总人次和总的价值来说,伤亡和损失是较小的,是社会和人们可以接受的,即整体上看来没有出现"不可接受的损害风险",因而大家还是普遍认为现代的汽车运输是"安全"的。

2.风险

风险是指某一特定危险情况发生的可能性及其后果的组合。风险是对某种可预见的危险情况发生的概率及其后果严重程度这两项指标的综合描述。危险情况可能导致人员伤害和疾病、财产损失,环境破坏等。对危险情况的描述和控制主要通过其两个主要特性来实现,即可能性和严重性。可能性是指危险情况发生的难易程度,通常使用概率来描述;严重性是指危险情况一旦发生后,将造成的人员伤害和经济损失的程度和大小。两个特性中任意一个过高都会使风险变大。如果其中一个特性不存在,或为零,则这种风险不存在。

3.事故

事故是指造成死亡、疾病、伤害、损坏或其他损失的意外情况。健康安全管理体系在主观上关注的是活动,过程的非预期的结果,在客观上这些非预期的结果的性质是负面的、不良的,甚至是恶性的。对于人员来说,这种不良结果可能是死亡、疾病和伤害。我国的劳动安全部门通常将上述情况称为"伤亡事故"和"职业病"。对于物质财产来说,事故会造成损毁、破坏或其他形式的价值损失。

4.事件

事件是指导致或可能导致事故的情况,主要是指活动,过程本身的情况,其结果尚不确定。如果造成不良结果则形成事故,如果侥幸未造成事故也应引起关注。

5.可容许风险

可容许的风险是指经过组织的努力将原来危害程度较大的风险变成危害程度较小,可以被组织接受的风险。国家的职业健康安全法律法规对组织提出了健康安全方面的最基本的要求,组织必须遵守。组织还应根据自身的情况制定职业健康安全方针,阐明组织职业健康安全总目标和改进职业健康安全绩效的承诺。根据这两方面的要求,组织对存在的职业健康安全风险进行评价判定其程度是否为组织所接受。

6.危险源

危险源是指可能导致人员伤害或疾病、物质财产损失、工作环境破坏的根源或情况及其他们的组合。参考《生产过程危险和有害因素分类与代码》,可将危险源分为六类:物理性危险和有害因素、化学性危险和有害因素、生物性危险和有害因素、心理生理性危险和有害因素、行为性危险和有害因素、其他危险和有害因素。根据研究的侧重点不同,危险源还有其他多种分类方法,但从造成伤害、损失和破坏的本质上分析,可归结为能量有害物质的存在和能量、有害物质的失控这两大方面。

7.危险源辨识

危险源辨识是指识别危险源的存在并确定其特性的过程。危险源辨识就是从组织的活动中识别出可能造成人员伤害、财产损失和环境破坏的因素,并判定其可能导致的事故类别和导致事故发生的直接原因的过程。能量和物质的运用是人类社会存在的基础。每个组织在运作过程中都不可避免地存在这两方面的因素,因此危险源是不可能完全排除的。危险源的存在形式多样,有的显而易见,有的则因果关系不明显。因此,需要采用一些特定的方法和手段对其进行识别,并进行严密的分析,找出因果关系。危险源辨识是安全管理的最基本的活动。

8.风险评价

风险评价是指评估风险大小以及确定风险是否可容许的全过程。风险评价主要包括两个阶段:一是对风险进行分析评估,确定其大小或严重程度;二是将风险与安全要求进行比较,判定其是否可接受。风险分析评估主要针对危险情况的可能性和严重性进行。安全要求,即判定风险是否可接受的依据,需要根据法律法规要求、组织方针目标等要求和社会、大众的普遍要求综合确定。

9.安全生产

安全生产是指国家和企业为了预防生产过程中发生人身和设备事故,形成良好的劳动环境和工作秩序而采取的一系列措施和开展的各种活动。

10.安全管理体系

作为总管理体系的一个部分,安全管理体系便于组织对与其业务相关的安全风险的管理,包括为制定、实施、实现、评审和保持安全方针所需的组织结构、策划活动、职责、惯例、程序、过程和资源。

管理体系是建立方针和目标并实现这些目标的相互关联或相互作用的一组要素。一个组织的总管理体系可包括若干个具有特定目标的组成部分,如职业健康安全管理体系、质量管理体系、环境管理体系等。安全管理体系是总管理体系的一部分,或理解为组织若干管理体系中的一个,便于单位加强安全风险的管理。

11.绩效

绩效也可称为业绩。绩效是指基于职业健康安全方针和目标,与组织的职业健康安全风险控制有关的,职业健康安全管理体系的可测量结果。绩效测量包括职业健康安全管理活动和结果的测量。

绩效是组织在职业健康安全管理方面、在危险风险控制方面表现出的实际业绩和效果的综合描述。职业健康安全管理体系的结果综合反映了体系的符合性和有效性,对其结果的测量应依据组织的方针和目标进行,可用对组织方针目标的实现程度来表示,也可具体体现在某一或某类危险危害因素的控制上。

12.持续改进

持续改进是为改进职业健康安全总体绩效,根据职业健康安全方针,组织强化职业健康安全管理体系的过程,是组织对其职业健康安全管理体系进行不断完善的过程。持续改进活动将使组织的职业健康安全总体绩效得到改进,并实现组织的职业健康安全目标。

三、安全管理的基本原则

为有效地将生产因素的状态控制好,在实施安全管理过程中,必须正确处理好五种关系,坚持六项管理原则。

1.正确处理五种关系

(1)安全与危险的并存

有危险才要进行安全管理。保持生产的安全状态,必须采取多种措施,以预防为主,危险因素就可以得到控制。

(2)安全与生产的统一

安全是生产的客观要求。生产有了安全保障,才能持续稳定地进行。生产活动中事故不断,势必导致生产陷于混乱甚至瘫痪状态。

(3)安全与质量的包含

从广义上看,质量包含安全工作质量,安全概念也内含着质量,二者交互作用,互为因果。

(4)安全与速度的互保

安全与速度成反比,速度应以安全作保障。一味强调速度,置安全于不顾的做法是极其有害的,一旦造成不幸,反而会延误时间。

(5)安全与效益的兼顾

安全技术措施的实施,定会改善劳动条件,调动职工积极性,由此带来的经济效益足以使原来的投入得到补偿。

2.坚持安全管理六项基本原则

(1)管生产的同时管安全

安全管理是生产管理的重要组成部分,各级领导在管理生产的同时,必须负责管理安全工作。企业中各有关专职机构,都应在各自的业务范围内,对实现安全生产的要求负责。

（2）坚持安全管理的目的性

没有明确目的安全管理就是一种盲目行为，既劳民伤财，又不能消除危险因素的存在。只有有针对性地控制人的不安全行为和物的不安全状态，消除或避免事故，才能达到保护劳动者安全与健康的目的。

（3）必须贯彻预防为主的方针

安全管理不是事故处理，而是在生产活动中，针对生产的特点，对生产因素采取鼓励措施，有效地控制不安全因素的发展与扩大，把可能发生的事故消灭在萌芽状态。

（4）坚持"四全"动态管理

安全管理涉及生产活动的方方面面，涉及从开工到竣工交付使用的全部生产过程，涉及全部的生产时间和一切变化着的生产因素，是一切与生产有关的人员共同的工作。因此，在生产过程中，必须坚持全员、全过程、全方位，全天候的动态安全管理。

（5）安全管理重在控制

在安全管理的四项工作内容中，对生产因素状态的控制，与安全管理目的关系更直接，作用更突出。因此，必须将对生产中人的不安全行为和物的不安全状态的控制，作为动态的安全管理的重点。

（6）在管理中发展提高

要不间断地摸索新的规律，总结管理、控制的办法和经验，指导新的变化后的管理，从而使安全管理不断上升到新的高度。

四、安全事故的成因

实际生产中存在的危险源有很多种，造成安全事故的原因也有许多方面，但归纳起来，人的不安全行为和物的不安全状态是导致事故的直接原因。人的不安全行为或物的不安全状态使能量或危险物质失去控制，是事故发生的导火线。

1.人的不安全行为

人的不安全行为是人表现出来的与人的个性心理特征相违背的非正常行为。人在生产活动中，曾引起或可能引起事故的行为，必然是不安全行为。

人的个性心理特征，是指个体人经常，稳定表现的能力、性格、气质等心理特点的总和。这是在人先天条件基础上，受到社会条件和具体实践活动以及接受教育等影响而逐渐形成、发展的。人的性格是个性心理的核心，因此，性格能决定人对某种情况的态度和行为。鲁莽、草率、懒惰等性格，往往成为生产不安全行为的原因。

非理智行为在引发为事故的不安全行为中所占的比例相当大，在生产中出现的违章、违纪现象，都是非理智行为的表现，冒险蛮干则表现得尤为突出。非理智行为的产生，多出于侥幸、逞能、逆反、凑巧等心理。在安全管理过程中，控制非理性行为的任务相当重要,也是非常严肃非常细致的一项工作。

2.人失误

人失误指人的行为结果,偏离了规定的目标或超出可接受的界限,并产生了不良影响的行为。在生产作业中,人失误往往是不可避免的副产品。人失误有以下两种类型。

(1)随机失误,指由人的行为、动作的随机性质引起的人的失误。随机失误与人的心理,生理原因有关,往往是不可预测,也不重复出现的。

(2)系统失误,指由系统设计不足或人的不正常状态引发的人的失误。系统失误与工作条件有关,类似的条件可能引发失误再出现或重复发生。

从事各种性质、类型生产活动的操作人员,都可能发生失误。而操作者的不安全行为,能导致失误进而引发事故。造成人失误的原因是多方面的,有人的自身因素对超负荷的不适应原因,也有与外界刺激要求不一致时,要求与行为出现偏差的原因。在这种情况下,可能出现信息处理故障和决策错误。此外,还由于对正确的方法不清楚,有意采取不恰当的行为等,出现完全错误的行为。

3.物的不安全状态

在生产过程中发挥作用的机械、物料、生产对象以及其他生产要素统称为物。物都具有不同形式性质的能量,有出现意外释放能量,引发事故的可能性。由于物的能量可能释放引起事故的状态,称为物的不安全状态。从发生事故的角度,也可把物的不安全状态看作曾引起或可能引起事故的物的状态。在生产过程中,物的不安全状态极易出现。所有的物的不安全状态,都与人的不安全行为、人的操作或管理失误有关。往往在物的不安全状态背后,隐藏着人的不安全行为或人的失误。物的不安全状态既反映了物的自身特性,又反映了人的素质和人的决策水平。

物的不安全状态的运动轨迹,一旦与人的不安全行为的运动轨迹交叉,就是发生事故的时间与空间。因此,物的不安全状态是事故发生的直接原因。

五、施工安全管理

施工安全管理是施工企业全体职工及各部门同心协力,把专业技术,生产管理、数理统计和安全教育结合起来,为达到安全生产目的而采取各种措施的管理。建立施工技术组织全过程的安全保证体系,实现安全生产、文明施工。安全管理的基本要求是以预防为主,依靠科学的安全管理理论、程序和方法,使施工生产全过程中潜伏的危险因素处于受控状态,消除事故隐患,确保施工生产安全。

1.施工安全管理的内容

(1)建立安全生产制度

安全生产制度必须符合国家和地区的有关政策、法规、条例和规程,并结合施工项目的特点,明确各级各类人员安全生产责任制,要求全体人员必须认真贯彻执行。

（2）贯彻安全技术管理

编制施工组织设计时必须结合工程实际，编制切实可行的安全技术措施，要求全体人员必须认真贯彻执行。执行过程中若发现问题，应及时采取妥善的安全防护措施。要不断积累安全技术措施在执行过程中的技术资料，进行研究分析，总结提高，以为之后工程的提供借鉴。

（3）坚持安全教育和安全技术培训

组织全体人员认真学习国家、地方和本企业的安全生产责任制、安全技术规程、安全操作规程和劳动保护条例等。新工人进入岗位之前要进行安全纪律教育，特种专业作业人员要进行专业安全技术培训，考核合格后方能上岗。要使全体职工经常保持高度的安全生产意识，牢固树立"安全第一"的思想。

（4）组织安全检查

为了确保安全生产，必须严格安全检查，建立健全安全检查制度。安全检查员要经常查看现场，及时排除施工中的不安全因素，纠正违章作业现象，监督安全技术措施的执行，不断改善劳动条件，防止工伤事故的发生。

（5）进行事故处理

人身伤亡和各种安全事故发生后，应立即进行调查了解事故产生的原因，过程和后果，提出鉴定意见。在总结经验教训的基础上，有针对性地制定防止事故再次发生的可靠措施。

2.安全生产责任制

（1）安全生产责任制的要求

安全生产责任制，是根据"管生产必须管安全""安全工作、人人有责"的原则，以制度的形式，明确规定各级领导和各类人员在生产活动中应负的安全职责。它是施工企业岗位责任制的一个重要组成部分，是企业安全管理中最基本的制度，是所有安全规章制度的核心。

1）施工企业各级领导人员的安全职责。

明确规定施工企业各级领导在各自职责范围内做好安全工作，要将安全工作纳入自己的日常生产管理工作中，做到在计划、布置、检查、总结、评比生产的同时，计划、布置、检查、总结、评比安全工作。

2）各有关职能部门的安全生产职责。

各有关职能部门的安全生产职责包括施工企业中生产部门、技术部门、机械动力部门、材料部门、财务部门、教育部门、劳动工资部门、卫生部门等，各职能机构都应在各自业务范围内，对实现安全生产的要求负责。

3）生产工人的安全职责。

生产工人做好本岗位的安全工作是做好企业安全工作的基础，企业中的一切安全生产制度都要通过生产工人落实。因此,企业要求它的每一名职工都能自觉地遵守各项安全生产规章制度,不违章作业,并劝阻他人违章操作。

(2)安全生产责任制的制定和考核

施工现场项目经理是项目安全生产第一责任人,对安全生产负全面的领导责任。施工现场从事与安全有关的管理,执行和检查人员,特别是独立行使权力开展工作的人员,应规定其职责、权限和相互关系,定期考核。

各项经济承包合同中要有明确的安全指标和包括奖惩办法在内的安全保证措施。承发包或联营各方之间依照有关法规,签订安全生产协议书,做到主体合法、内容合法和程序合法,明确各自的权利和义务。

实行施工总承包的单位,施工现场安全由总承包单位负责,总承包单位要统一领导和管理分包单位的安全生产。分包单位应对其分包工程的施工现场安全向总承包单位负责,认真履行承包合同规定的安全生产职责。

为使安全生产责任制将其得到严格贯彻执行,必须与经济责任制挂起钩来。对违章指挥、违章操作造成事故的责任者,必须给予一定的经济制裁,情节严重的还要给予行政纪律处分;触犯法律的,还要追究其法律责任。对一贯遵章守纪、重视安全生产成绩显著或者在预防事故等方面作出贡献的,要给予奖励,做到奖罚分明,充分调动广大职工的积极性。

(3)安全生产的目标管理

施工现场应实行安全生产目标管理,制定总的安全目标,如伤亡事故控制目标、安全达标,文明施工目标等。制订达标计划,责任落实,将目标分解到人,考核到人。

(4)安全施工技术操作规程

施工现场要建立健全各种规章制度,除安全生产责任制外,还有安全技术交底制度、安全宣传教育制度、安全检查制度、安全设施验收制度,伤亡事故报告制度等。施工现场应制定与本工地有关的各工序、工种和各类机械作业的施工安全技术操作规程和施工安全要求,做到人人知晓,熟练掌握。

(5)施工现场安全管理网络

施工现场应该设安全专(兼)职人员或安全机构,主要任务是负责施工现场的安全监督检查。安全员应按住房和城乡建设部的规定,每年集中培训,经考试合格才能上岗。施工现场要建立以项目经理为组长,由各职能机构和分包单位负责人和安全管理人员参加的安全生产管理小组,组成自上而下覆盖各单位、各部门各班组的安全生产管理网络。

要建立由工地领导参加的包括施工员、安全员在内的轮流值班制度,检查监督施工现场及班组安全制度的贯彻执行,并做好安全值班记录。

3.安全生产检查

（1）安全检查的内容

施工现场应建立各级安全检查制度,工程项目部在施工过程中应组织定期和不定期的安全检查。主要是查思想、查制度、查教育培训、查机械设备、查安全设施、查操作行为、查劳保用品的作用、查伤亡事故处理等。

（2）安全检查的要求

1)各种安全检查都应该根据检查要求配备力量。特别是大范围、全面性安全检查,要明确检查负责人,抽调专业人员参加检查并进行分工,明确检查内容,标准及要求。

2)每种安全检查都应有明确的检查目的和检查项目、内容及标准。重点、关键部位要重点检查。对大面积或数量多,内容相同的项目,可采取系统观感和一定数量测点相结合的检查方法。对现场管理人员和操作工人不仅要检查是否有违章作业行为,还应进行应知、应会知识的抽查,以便了解管理人员及操作工人的安全素质。

3)检查记录是安全评价的依据,要认真、详细填写。特别是对隐患的记录必须具体,如隐患的部位、危险性程度及处理意见等。采用安全检查评分表的,应记录每项扣分的原因。

4)安全检查需要认真、全面地进行系统分析,定性定量进行安全评价。哪些检查项目已达标;哪些检查项目虽然基本达标,但还有哪些方面需要进行完善;哪些项目没有达标,存在哪些问题需要整改。受检单位根据安全评价可以研究对策;进行整改和加强管理,即使本单位自检也需要安全评价。

5)整改是安全检查工作重要的组成部分,是检查结果的归宿。整改工作包括隐患登记、整改、复查、销案等。

（3）施工安全文件的编制要求

施工安全管理的有效方法,是按照水利水电工程施工安全管理的相关标准、法规和规章,编制安全管理体系文件。编制的要求如下:

1)安全管理、目标应与企业的安全管理总目标协调一致。

2)安全保证计划应围绕安全管理目标,将其要素用矩阵图的形式,按职能部门（岗位）进行安全职能各项活动的展开和分解,依据安全生产策划的要求和结果,对各要素在本现场的实施提出具体方案。

3)体系文件应经过自上而下、自下而上的多次反复讨论与协调,以提高编制工作的质量,并按标准规定,由上报机构对安全生产责任制、安全保证计划的完整性和可行性、工程项目部满足安全生产的保证能力等进行确认,建立并保存确认记录。

4)安全保证计划应送上级主管部门备案。

5)配备必要的资源和人员,首先应保证工作需要的人力资源,适宜而充分的设施、设备,以及综合考虑成本、效益和风险的财务预算。

6)加强信息管理,日常安全监控和组织协调。通过全面、准确、及时掌握安全管理信息,对安全活动过程及结果进行连续的监视和验证,对涉及体系的问题与矛盾进行协调,促进安全生产保证体系的正常运行和不断完善,形成体系的良性循环运行机制。

7)由企业按规定对施工现场安全生产保证体系运行进行内部审核,验证和确认安全生产保证体系的完整性、有效性和适合性。为了有效准确及时地掌握安全管理信息,可以根据项目施工的对象特点,编制安全检查表。

(4)检查和处理

1)检查中发现隐患应该进行登记,作为整改备查依据,提供安全动态分析信息。根据隐患记录的信息流,可以制定出指导安全管理的决策。

2)安全检查中查出的隐患除进行登记外,还应发出隐患整改通知单,引起整改单位重视。凡是有即将发生事故危险的隐患,检查人员应责令停工,被查单位必须立即整改。

3)对于违章指挥、违章作业行为,检查人员可以当场指出,进行纠正。

4)被检查单位领导对查出的隐患,应立即研究整改方案,按照"三定"原则(定人、定期限、定措施)立即进行整改。

5)整改完成后,要及时报告有关部门。有关部门要立即派员进行复查,经复查整改合格后,进行销案。

4.安全生产教育

(1)安全教育的内容

1)新工人(包括合同工、临时工、学徒工、实习和代培人员)必须进行公司、工地和班组的三级安全教育。教育内容包括安全生产方针、政策、法规、标准及安全技术知识、设备性能、操作规程、安全制度、严禁事项等。

2)电工、焊工、架工、司炉工、爆破工、起重工、打桩机司机和各种机动车辆司机等特殊工种工人,除进行一般安全教育外,还要经过本工种的专业安全技术教育。

3)采用新工艺、新技术、新设备施工和调换工作岗位时,对操作人员要进行新技术、新岗位的安全教育。

(2)安全教育的种类

1)安全法制教育。对职工进行安全生产、劳动保护方面的法律、法规的宣传教育,从法制角度认识安全生产的重要性,要通过学法、知法来守法。

2)安全思想教育。对职工进行深入细致的思想政治工作,使职工认识,安全生产是一项关系国家发展、社会稳定、企业兴旺、家庭幸福的大事。

3)安全知识教育。安全知识也是生产知识的重要组成部分,可以结合起来交叉进行教育。教育内容包括企业的生产基本情况、施工流程、施工方法、设备性能、各种不安全因素、预防措施等多方面内容。

4)安全技能教育。教育的侧重点是安全操作技术,结合本工种特点、要求,为培养安全操作能力而进行的一种专业安全技术教育。

5)事故案例教育。通过对一些典型事故进行原因分析,事故教训及预防事故发生所采取的措施教育职工。

(3)特种作业人员的培训

根据《特种作业人员安全技术培训考核管理办法》的规定,特种作业是指容易发生人员伤亡事故,对操作者本人、他人及周围设施的安全有重大危害的作业。从事这些作业的人员必须进行专门培训和考核。

与建筑业有关的特种作业的主要种类有电工作业、金属焊接切割作业、起重机械(含电梯)作业、企业内机动车辆驾驶、登高架设作业、压力容器操作、爆破作业。

(4)安全生产的经常性教育

施工企业在做好新工人入场教育、特种作业人员安全生产教育和各级领导干部、安全管理干部的安全生产培训的同时,还必须将经常性的安全教育贯穿管理工作的全过程,并根据接受教育对象的不同特点,采取多层次、多渠道和多种方法进行。

(5)班前的安全活动

班组长在班前进行上岗交底和上岗教育,做好上岗记录。

1)上岗交底。对当天的作业环境、气候情况、主要工作内容和各个环节的操作安全要求以及特殊工种的配合等进行交底。

2)上岗检查。检查上岗人员的劳动防护情况,包括每个岗位周围作业环境是否安全无患机械设备的安全保险装置是否完好有效、各类安全技术措施的落实情况等。

第八章　水利工程质量与安全监督

安全生产管理责任是因生产经营活动而产生的责任,是企业责任的一种,同时也蕴含于其他企业责任之中。本章主要对水利工程质量与安全监督进行详细的讲解。

第一节　工程建设初期的质量与安全监督

一、安全生产规章制度

安全生产规章制度是指水利施工企业依据国家有关法律法规、国家和行业标准,结合水利工程施工安全生产实际,以企业名义颁发的有关安全生产的规范性文件。一般包括规程、标准、规定、措施、办法、制度、指导意见等。

安全生产规章制度是水利施工企业贯彻国家有关安全生产法律法规、国家和行业标准,贯彻国家安全生产方针政策的行动指南,是水利施工企业有效防范安全风险,保障从业人员安全健康、财产安全、公共安全,加强安全生产管理的重要措施。

(一)建立健全安全生产规章制度的必要性

建立健全安全生产规章制度是水利施工企业的法定责任。企业是安全生产的责任主体,《安全生产法》第四条规定:"生产经营单位必须遵守本法和其他有关安全生产的法律法规,加强安全生产管理,建立、健全安全生产责任制度,完善安全生产条件,确保安全生产。"《突发事件应对法》第二十二条规定:"所有单位应当建立健全安全管理制度,定期检查本单位各项安全防范措施的落实情况,及时消除事故隐患。"因此,建立健全安全生产规章制度是国家有关安全生产法律法规明确的生产经营的法定责任。

建立健全安全生产规章制度是水利施工企业安全生产的重要保障。安全风险来自生产经营过程,只要生产经营活动在进行,安全风险就客观存在。客观上需要企业对施工过程中的机械设备、人员操作进行系统分析、评价,制定出一系列的操作规程和安全控制措施,以保障生产经营工作有序、安全地运行,将安全风险降到最低。

建立健全安全生产规章制度是水利施工企业保护从业人员安全与健康的重要手

段。国家有关保护从业人员安全与健康的法律法规、国家和行业标准的具体实施,只有通过企业的安全生产规章制度才能体现出来,才能使从业人员明确自己的权利和义务。同时,这也为从业人员遵章守纪提供了标准和依据。

(二)安全生产规章制度建设的依据与原则

安全生产规章制度是以安全生产法律法规、国家和行业标准、地方政府的法规和标准为依据。水利施工企业安全生产规章制度是一系列法律法规在企业生产经营过程具体贯彻落实的体现。

安全生产规章制度建设必须按照"安全第一,预防为主,综合治理"的要求,坚持主要负责人负责、系统性、规范化和标准化等原则。安全第一,要求企业必须把安全生产放在各项工作的首位,正确处理好安全生产与工程进度、经济效益的关系;预防为主,就是要求企业的安全生产管理工作要以危险有害因素的辨识、评价和控制为基础,建立安全生产规章制度,通过制度的实施达到规范人员行为,消除不安全状态,实现安全生产的目标;综合治理,就是要求在管理上综合采取组织措施、技术措施,落实责任,各负其责,齐抓共管。

主要负责人负责的原则。《中华人民共和国安全生产法》规定,"建立、健全本单位安全生产责任制,组织制定本单安全生产规章制度和操作规程,是生产经营单位的主要负责人的职责"。安全生产规章制的建设和实施,涉及生产经营单位的各个环节和全体人员,只有主要负责人负责,才能有效调动和使用企业的所有资源,才能协调好各方关系,规章制度的落实才能够得到保证。

系统性原则。安全风险来自生产经营活动过程,因此,安全生产规章制度的建设应按照安全系统工程的原理,涵盖生产经营的全过程、全员、全方位。

规范化和标准化原则。施工企业安全生产规章制度的建设应实现规范化和标准化管理,以确保安全生产规章制度建设的严密、完整、有序,建立完整的安全生产规章制度体系,建立安全生产规章制度起草、审核、发布、教育培训、执行、反馈、持续改进的组织管理程序,做到目的明确、流程清晰、具有可操作性。

(三)水利施工企业安全生产规章制度体系

目前,中国还没有明确的安全生产规章制度分类标准。从广义上讲,安全生产规章制度应包括安全管理和安全技术两个方面的内容。在长期的安全生产实践过程中,许多水利施工企业按照自身的习惯和传统,形成了具有行业特色的安全生产规章制度体系。

1.综合安全管理制度

综合安全管理制度包括但不限于安全生产目标管理制度、安全生产责任制度、安全生产考核奖惩制度、安全管理定期例行工作制度、安全设施和费用管理制度、安全技术措施审查制度、技术交底制度、分包(供)方管理制度、重大危险源管理制度、危险物品使用管理制度、危险性较大的单项工程管理制度、隐患排查和治理制度、事故调查报告处理制度、应急管理制度、消防安全管理制度、社会治安管理制度、安全生产档案管理制度等。

2.人员安全管理制度

人员安全管理制度包括但不限于安全教育培训制度、人身意外伤害保险管理制度、劳保用品发放使用和管理制度、安全工器具使用管理制度、用工管理制度、特种作业及特殊危险作业管理制度、岗位安全规范、职业健康管理制度、现场作业安全管理制度等。

3.设施设备安全管理制度

设施设备安全管理制度包括但不限于生产设备设施安全管理制度、定期巡视检查制度、定期检测检验制度、定期维护检修制度、安全操作规程。

4.环境安全管理制度

环境安全管理制度包括但不限于安全标准管理制度、作业环境管理制度、职业卫生与健康管理制度等。

（四）安全生产规章制度的管理

1.起草。一般由企业安全生产管理部门或相关职能部门负责起草,起草前应对目的、适用范围、主管部门、解释部门及实施日期等给予明确,同时还应做好相关资料的准备和收集工作。

规章制度编制应做到目的明确、条理清楚、结构严谨、用词准确、文字简明、标点符号正确。水利施工企业安全生产规章制度应至少包含:适用范围,具体内容和要求,责任人（部门）的职责与权限,基本工作程序及标准,考核与奖惩措施。

2.会签或公开征求意见。起草的规章制度,应通过正式渠道征得相关职能部门或员工的意见和建议,以利于规章制度颁布后的贯彻落实。当意见不能取得一致时,应由安全生产领导小组组织讨论,统一认识,达成一致。

3.审核。制度签发前,应进行审核。一是由企业负责法律事务的部门进行合规性审查;二是专业技术性较强的规章制度,应邀请相关专家进行评审;三是安全奖惩等涉及全员性的制度,应经过职工代表大会或职工代表审议。

4.签发。技术规程、安全操作规程等技术性较强的安全生产规章制度,一般由企业主管生产的领导或总工程师签发,涉及全局性的综合管理制度应由企业的主要负责人签发。

5.发布。应采用固定的方式进行发布,如红头文件式、内部办公网络等。发布的范围应涵盖应执行的部门、人员,有些特殊的制度还须正式送达相关人员,并由接收人员签字。

6.培训。新颁布的安全生产规章制度、修订的安全生产规章制度,应组织进行培训,安全操作规程类规章制度还应组织相关人员进行考试。

7.反馈。应定期检查安全生产规章制度执行中存在的问题,建立信息反馈渠道,及时掌握安全生产规章制度的执行效果。

8.持续改进。水利施工企业应将适用的安全生产法律法规、规章制度、标准清单和企业安全生产管理制度、安全操作规程(手册)分门别类印制成册或编制电子文档配发给单位各部门和各岗位,组织全体从业人员学习,并做好学习记录。企业安全生产管理部门应每年至少一次组织对本单位执行安全生产法律法规、规章制度、标准清单和企业安全管理制度、安全操作规程(手册)情况进行检查评估,评估报告应当报企业法人和企业安全生产领导小组审阅。对安全操作规程,除每年进行审查和修订外,每3~5年应进行一次全面修订,并重新发布。企业应根据检查评估结论,对本单位制订的安全生产管理制度实行动态管理,及时进行修订、备案和重新编印。

(五)安全生产责任制

《安全生产法》明确规定:生产经营单位必须建立、健全安全生产责任制。安全生产责任制主要是指企业的各级领导、职能部门和在一定岗位上的劳动者个人对安全生产工作应负责任的一种制度,也是企业的一项基本管理制度。安全生产责任制度的实施是对已有安全生产制度的再落实管理,无论是政府还是企业,在实施安全生产责任制之前,要考虑实施的环境、实施的对象,选择不同的方法,应用不同的方式,对具体的安全生产过程进行全方位、全过程的分解,确定不同生产行为过程的负责人,制定清晰明确的责任制度和责任评价制度,保障安全生产主体责任的落实,是所有安全生产规章制度的核心。

1.安全生产责任制的制定原则

水利施工企业应建立健全以主要负责人为核心的安全生产责任制,明确各级负责人、各职能部门和各岗位的责任人员、责任范围和考核标准。安全生产责任制的制定应当遵循以下原则。

(1)法制性原则。企业安全生产责任制度的建立要遵循国家安全生产方面的法律法规,同时也要遵循一些地方性的安全生产法律法规。

(2)科学性原则。科学性原则就是在制定企业安全生产责任制度时,要有根有据,使制定的制度与本企业、本项目、本工序的生产实际相符合,而不是简单地仅凭自己的经验体会去制定。

(3)民主性原则。责任制度是规范劳动者行为,并为行为负责。企业安全生产责任制度的内容要从企业实际出发,广泛听取劳动者意见,集思广益、综合分析,能反映全体劳动者的客观意愿。企业责任制度要本着公开的精神,使全体劳动者都知道规章制度,特别是应清晰知道自己所承担的责任,这是民主原则的重要体现,也是实现民主的有效方式和途径。

(4)有效性原则。包括两个方面:一是制度本身能对防止事故有效,二是制度执行有效。要保证制度的有效性必须做到内容规定明确,与实际相符,制度具有操作性。

2.安全生产责任制的制定程序

水利施工企业安全生产责任制的制定一般参照以下程序。

(1)确定主体责任制度管理机构。水利施工企业应当设立专门的安全生产管理部门负责安全生产责任制的制定和管理工作。

(2)资料收集和分析。将企业生产活动进行分解,确定安全生产任务和安全生产目标。

(3)安全生产责任制度的编写。成立编写组,根据安全生产任务和安全生产目标,提出主体责任制度的整体架构,确定责任清单,编写制度初稿。

(4)讨论修改与审议审定。安全生产责任制度应当经充分讨论,也可聘请外部专家进行专题咨询和评审,讨论由企业安全生产管理部门组织,讨论修改后应提交企业安全生产领导小组审议或提交企业董事会、总经理办公会议等决策机构审定。审定后应当及时发布。

安全生产责任制度的建立程序主要体现在制度编写前准备、制度编写和制度执行反馈后修改后等环节,而对于具体的细节问题,企业可根据实际进行调整,以期达到最佳效果。

水利施工企业在编写责任制度时还应注意以下几点:首先要明确岗位职责,在什么岗位应该有哪些工作内容,然后再根据作业内容融入与之有关联的安全生产责任;要概括国家、地方的法律法规、行业和企业标准;有制度必须有检查,有检查必须有结果,有结果必须有奖惩;责任人必须签字并签署日期,要让责任人了解自己扮演的是什么角色,应该承担什么责任和义务。其中,最重要最困难的是落实责任制。

3.安全生产责任制体系

水利施工企业应当建立完整的安全生产责任制体系,范围覆盖本企业所有组织、管理部门和岗位,纵向到底,横向到边,其主要包括两个方面:一是纵向方面,应涵盖各级人员;二是横向方面,应涵盖各职能部门。

各级人员主要包括公司总经理、分管安全生产工作副总经理、总工程师(技术负责人)、工程项目部经理、工长、施工员、专职安全管理人员、工程项目技术负责人、工程项目安全管理人员、班组长、操作人员等。各级部门主要包括工程管理部门、财务部门、安全生产管理部门、人力资源管理部门、质检部门、生产技术管理部门、机械设备管理部门、消防保卫管理部门、工会、分包单位等。

4.安全生产责任制的执行与考评

水利施工企业建立安全生产责任制的同时,要结合企业实际建立健全各项配套制度,特别要发挥工会的监督作用,保证安全生产责任制真正得到落实。要建立安全生产监督检查制度,强化日常的监督检查工作;要建立有效的考评奖惩制度,对责任制落实情况进行考核与奖惩;要建立严格的责任追究制度,完善问责机制,确保责任制的真正落实到位。

水利施工企业安全生产责任制应以文件形式印发,企业安全管理部门应每季度对安全生产责任制落实情况进行检查、考核,并记录在案;应定期组织对相关安全生产责任制的适宜性进行评估,根据评估结论,及时更新和调整责任制内容,保证安全生产责任制的及时有效性。更新后的安全生产责任制应按规定进行备案,并以文件形式重新印发。

(六)安全管理人员安全管理职责

1. 企业主要负责人

水利施工企业主要负责人是安全生产第一责任人,对全企业的安全生产工作全面负责,必须保证本企业安全生产和企业员工在工作中的安全、健康和生产过程的顺利进行。水利施工企业主要负责人应履行下列安全管理职责。

(1)贯彻执行国家法律法规、规章、制度和标准,建立健全安全生产责任制,组织制定安全生产管理制度、安全生产目标计划、生产安全事故应急救援预案。

(2)保证安全生产费用的足额投入和有效使用。

(3)组织安全教育和培训,依法为从业人员办理保险。

(4)组织编制、落实安全技术措施和专项施工方案。

(5)组织危险性较大的单项工程、重大事故隐患治理和特种设备验收。

(6)组织事故应急救援演练。

(7)组织安全生产检查,制定隐患整改措施并监督落实。

(8)及时、如实报告安全生产事故,组织生产安全事故现场保护和抢救工作,组织、配合事故的调查等。

2. 企业技术负责人

水利施工企业技术负责人主要负责项目施工安全技术管理工作,其应履行下列安全管理职责。

(1)组织施工组织设计、专项工程施工方案、重大事故隐患治理方案的编制和审查。

(2)参与制定安全生产管理规章制度和安全生产目标管理计划。

(3)组织工程安全技术交底。

(4)组织事故隐患排查、治理。

(5)组织项目施工安全重大危险源的识别、控制和管理。

(6)参与或配合安全生产事故的调查等。

3.项目负责人

水利施工企业项目负责人是施工现场安全生产的第一责任人,对施工现场的安全生产全面负责。水利施工企业项目负责人主要有下列安全生产职责:

(1)依据项目规模特点,建立安全生产管理体系,制定本项目安全生产管理具体办法和要求,按有关规定配备专职安全管理人员,落实安全生产管理责任,并组织监督、检查安全管理工作实施情况。

(2)组织制定具体的施工现场安全施工费用计划,确保安全生产费用的有效使用。

(3)负责组织项目主管、安全副经理、总工程师、安监人员落实施工组织设计、施工方案及其安全技术措施,监督单元工程施工中安全施工措施的实施。

(4)项目开工前,对施工现场形象进行规划、管理,达到安全文明工地标准。

(5)负责组织对本项目全体人员进行安全生产法律法规、规章制度以及安全防护知识与技能的培训教育。

(6)负责组织项目各专业人员进行危险源辨识,做好预防预控,制订文明安全施工计划并贯彻执行;负责组织安全生产和文明施工定期与不定期检查,评估安全管理绩效,研究分析并及时解决存在的问题;同时,接受上级机关对施工现场安全文明施工的检查,对检查中发现的事故隐患和提出的问题,定人、定时间、定措施予以整改,及时反馈整改意见,并采取预防措施避免重复发生。

(7)负责组织制定安全文明施工方面的奖惩制度,并组织实施。

(8)负责组织监督分包单位在其资质等级许可的范围内承揽业务,并根据有关规定以及合同约定对其实施安全管理。

(9)组织制定安全生产事故的应急救援预案。

(10)及时、如实报告生产安全事故,组织抢救,做好现场保护工作,积极配合有关部门调查事故原因,提出预防事故重复发生和防止事故危害扩延的措施。

4.专职安全生产管理人员

水利施工企业专职安全生产管理人员应履行下列安全管理职责:

(1)组织或参与制定安全生产各项规章制度、操作规程和安全生产事故应急救援预案。

(2)协助企业主要负责人签订安全生产目标责任书,并进行考核。

(3)参与编制施工组织设计和专项施工方案,制定并监督落实重大危险源安全管理和重大事故隐患治理措施。

(4)协助项目负责人开展安全教育培训及考核。

(5)负责安全生产日常检查,建立安全生产管理台账。

(6)制止和纠正违章指挥、强令冒险作业和违反劳动纪律的行为。

（7）编制安全生产费用使用计划并监督落实。

（8）参与或监督班前安全活动和安全技术交底。

（9）参与事故应急救援演练。

（10）参与安全设施设备、危险性较大的单项工程、重大事故隐患治理验收。

（11）及时报告安全生产事故，配合调查处理。

（12）负责安全生产管理资料收集、整理和归档等。

5.班组长

班组长应履行下列安全管理职责：

（1）执行国家法律法规、规章、制度、标准和安全操作规程，掌握班组人员的健康状况。

（2）组织学习安全操作规程，监督个人劳动保护用品的正确使用。

（3）负责安全技术交底和班前教育。

（4）检查作业现场安全生产状况，及时发现并纠正问题。

（5）组织实施安全防护、危险源管理和事故隐患治理等。

（七）企业安全操作规程管理

1.企业安全操作规程的编制

根据《水利水电施工企业安全生产标准化评审标准（试行）》的要求，水利施工企业应根据国家安全生产方针政策法规及本企业的安全生产规章制度，结合岗位、工种特点，引用或编制齐全、完善、适用的岗位安全操作规程，发放到相关班组、岗位，并对员工进行培训和考核。

安全操作规程一般应包括下列内容：

（1）操作必须遵循的程序和方法。

（2）操作过程中有可能出现的危及安全的异常现象及紧急处理方法。

（3）操作过程中应经常检查的部位、部件及检查验证是否处于安全稳定状态的方法。

（4）对作业人员无法处理的问题的报告方法。

（5）禁止作业人员出现的不安全行为。

（6）非本岗人员禁止出现的不安全行为。

（7）停止作业后的维护和保养方法等。

2.企业安全操作规程的执行

安全操作规程是保护从业人员安全与健康的重要手段，也为从业人员遵章守纪、规范操作提供标准和依据。安全操作规程的执行主要落实在宣传贯彻、严格执行、评估修订、监督检查等环节。

（1）加强宣传贯彻。水利施工企业必须加大对安全操作规程的宣传力度，通过大力宣传贯彻和教育培训,使员工掌握安全操作规程的要领,熟悉规程的各项规定。

(2)重在落实与执行。安全操作规程一旦编制下发,必须始终保持规程的严肃性,保证正确的规定和指令安排得到有效执行。

(3)注重监督检查与评估修订。水利施工企业应当定期对安全操作规程的执行情况进行监督检查与评估,并根据检查反馈的问题和评估情况,对规程进行及时修订,确保有效性和适用性。

二、安全生产检查

安全生产检查是水利施工企业安全生产管理的重要内容,其工作重点是有效辨识安全生产管理工作中存在的问题、漏洞,检查生产现场安全防护设施、作业环境是否存在不安全状态,现场作业人员的行为是否符合安全规范,以及设备、系统运行状况是否符合现场规程的要求等。通过安全检查,不断堵塞管理漏洞,改善劳动作业环境,规范作业人员行为,保证设备系统的安全与可靠运行,最终实现安全生产的目的。

(一)安全生产检查的类型

1.安全生产定期检查

定期检查一般是由水利施工企业统一组织实施,通过有计划、有组织、有目的的形式来实现。检查周期的确定应根据企业的规模、性质以及地区气候、地理环境等确定。定期检查具有组织规模大、检查范围广、有深度、能及时发现并解决问题等特点,可与重大危险源评估、现状安全评价等工作结合开展。

2.经常性安全生产检查

经常性检查是由水利施工企业的安全生产管理部门组织进行的日常检查,包括交接班检查、班中检查、特殊检查等形式。包括企业领导、安全生产管理部门和专职安全管理人员对施工作业情况的巡视或抽查等,经常性检查一般应制定检查路线、检查项目、检查标准,并设置专用的检查记录本。

3.季节性及节假日前后安全生产检查

由水利施工企业统一组织,检查内容和范围则根据季节变化,按事故发生的规律对易发的潜在危险,突出重点进行检查。检查内容主要包括冬季防冻保温、防火、防煤气中毒,夏季防暑降温、防汛、防雷电等检查。国家对劳动节、国庆节、元旦、春节等重要的节假日和社会影响较大的重要会议、重要活动等均会提出明确的检查要求,水利施工企业应当特别重视。

4.安全生产专业(项)检查

安全生产专业(项)检查是对某个专业(项)问题或在施工中存在的普遍性安全问题进行的单项定性或定量检查,内容包括对危险性较大的在用设备、设施,作业场所环境条件的管理性或监督性定量检测检验等。专业(项)检查具有较强的针对性和专业要求,有时需要结合专业机构或专家咨询进行,用于检查难度较大的项目。

5.综合性安全生产检查

综合性安全生产检查一般是由上级主管部门或地方政府负有安全生产监督管理职责的部门组织的对施工企业或施工项目开展的安全检查,其检查方式、内容由检查组织部门根据检查目的具体确定。

6.职工代表不定期对安全生产的巡查

《中华人民共和国工会法》和《中华人民共和国安全生产法》规定,生产经营单位的工会应定期或不定期组织职工代表进行安全生产检查,这体现了安全生产管理群防群治的基本理念,巡查往往被大多数水利施工企业所忽视。职工代表不定期巡查重点检查国家安全生产方针、法规的贯彻执行情况,各级人员安全生产责任制和规章制度的落实情况,从业人员安全生产权利的保障情况,生产现场的安全状况等。

(二)安全生产检查内容

安全生产检查包括检查软件系统和硬件系统两部分。软件系统主要是查思想、查意识、查制度、查管理、查事故处理、查隐患、查整改,硬件系统主要是查生产设备、查辅助设施、查安全设施、查作业环境。

安全生产检查对象确定应本着突出重点的原则进行确定。对于危险性大、易发事故、事故危害大的生产系统、部位、装置、设备等应加强检查。一般应重点检查如下方面。

1.易造成重大损失的易燃易爆危险物品、剧毒品、锅炉、压力容器、起重设备、运输设备、冶炼设备、电气设备、冲压机械、高处作业和易发生工伤、火灾、爆炸等事故的设备、工种、场所及其作业人员。

2.易造成职业中毒或职业病的尘毒产生点及岗位作业人员。

3.直接管理的重要危险点和有害点的部门及其负责人。

对非矿山企业,国家有关规定要求强制性检查的项目有:锅炉、压力容器、压力管道、高压医用氧舱、起重机、电梯、自动扶梯、施工升降机、简易升降机、防爆电器、厂内机动车辆、客运索道、游艺机及游乐设施等,作业场所的粉尘、噪声、振动、辐射、高温低温、有毒物质的浓度等。对矿山企业要求强制性检查的项目有:矿井风量、风质、风速及井下温度、湿度、噪声、瓦斯、粉尘,矿山放射性物质及其他有毒有害物质,露天矿山边坡,尾矿坝,提升、运输、装载、通风、排水、瓦斯抽放、压缩空气和起重设备,各种防爆电器、电器安全保护装置,矿灯、钢丝绳等,瓦斯、粉尘及其他有毒有害物质检测仪器、仪表,自救器,救护设备,安全帽,防尘口罩或面罩,防护服、防护鞋,防噪声耳塞、耳罩。

水利施工企业安全生产检查应当包括以下内容:

（1）检查企业安全生产责任制的制定及落实情况。

（2）检查项目经理部是否定期组织内部安全检查、召开内部安全工作会议。

（3）检查企业内部安全检查的记录是否齐全、有效。

（4）检查企业安全文明施工责任区域管理情况，包括：施工区域封闭管理情况，施工区域标志情况（责任人、危险源、控制措施）、施工区域电源箱按行业安全标准配置情况、施工区域安全标志牌挂设情况、施工区域存在事故隐患、违章违规、安全设施不完善情况、施工区域防护设施齐全有效情况、施工区域文明施工情况等。

（5）检查企业各种使用中和库存的工器具是否经过检验并标识。

（6）检查企业各种使用中的中小型机械是否定期进行了检查，对发现的问题是否进行了整改，记录是否齐全。

（7）检查施工区域作业人员是否按规程要求正确施工，是否按要求正确使用个人安全防护品。

（8）检查随机抽查施工人员是否进行了入场教育。

（9）检查施工项目在施工前是否编制了安全技术措施。

（10）检查作业前是否进行全员交底。

（11）检查企业所属作业人员对作业内容是否了相关些危险源和如何进行预防。

（12）检查施工作业过程中，是否按交底内容和安全技术措施的要求进行。

（13）各类废弃物是否分类，处理是否符合当地法规要求，污水处理是否符合当地法规要求，是否制定并执行防污染措施。

（三）常用安全生产检查方法

1.常规检查法

常规检查法是由安全管理人员作为检查工作的主体，到作业场所现场，通过感观或辅助一定的简单工具、仪表等，对作业人员的行为、作业场所的环境条件、生产设备设施等进行的定性检查。安全检查人员通过这一手段，及时发现现场存在的安全隐患并采取措施予以消除，纠正施工人员的不安全行为。常规检查法主要依靠安全检查人员的经验和能力，检查的结果直接受安全检查人员个人素质的影响。

2.安全检查表法

为使安全检查工作更加规范，将个人的行为对检查结果的影响减少到最小，常采用安全检查表法。安全检查表一般由水利施工企业安全生产管理部门制定，提交企业安全生产领导小组讨论确定。安全检查表一般包括检查项目、检查内容、检查标准、检查结果及评价等内容。

安全检查表应符合国家有关法律法规及水利施工企业现行有效的有关标准、规程、管理制度的要求，结合企业安全管理文化、理念、反事故技术措施和安全措施计划、季节性、地理、气候特点等。

3.仪器检查及数据分析法

随着科技进步,水利施工企业的安全生产管理手段也在不断改进,有些企业投入了在线监测监控设施,对施工项目进行在线监视和系统记录,利用大数据分析设备、系统的运行状况变化趋势进行分析及实行动态监控。对没有在线数据检测系统的机器、设备、系统,则借助仪器检查法来进行定量化的检验与测量。仪器检查及数据分析法将成为安全常态化管理的新趋势。

(四)安全生产检查工作程序

1.安全检查准备

(1)确定检查对象、目的、任务。

(2)查阅、掌握有关法规、标准、规程的要求。

(3)了解检查对象的工艺流程、生产情况、可能出现危险和危害的情况。

(4)制订检查计划,安排检查内容、方法、步骤。

(5)编写安全检查表或检查提纲。

(6)准备必要的检测工具、仪器、书写表格或记录本。

(7)挑选和训练检查人员并进行必要的分工等。

2.安全检查实施

安全检查实施就是通过访谈、查阅文件和记录、现场观察、仪器测量的方式获取信息。

(1)访谈。通过与有关人员谈话来检查安全意识和规章制度执行情况等。

(2)查阅文件和记录。检查设计文件作业规程、安全措施、责任制度、操作规程等是否齐全有效;查阅相应记录,判断上述文件是否被执行。

(3)现场观察。对作业现场的生产设备、安全防护设施、作业环境、人员操作等进行观察,寻找不安全因素、事故隐患、事故征兆等。

(4)仪器测量。利用一定的检测检验仪器设备,对在用的设施、设备、器材状况及作业环境条件等进行测量,以发现隐患。

3.综合分析后提出检查结论和意见

经现场检查和数据分析后,检查人员应对检查情况进行综合分析,提出检查结论和意见。施工企业自行组织的各类安全检查,应由企业安全管理部门会同有关部门对检查结果进行综合分析;对于上级主管部门或地方政府负有安全生产监督管理职责的部门组织的安全检查,应经过统一研究得出检查意见或结论。

(五)整改落实与反馈

针对检查发现的问题,水利施工企业应根据问题性质的不同,提出立即整改、限期整改等措施要求,制订整改计划并积极落实整改。水利施工企业自行组织的安全检查,由企业安全管理部门会同有关部门共同制订整改措施计划并组织实施。对于上级主管部门或地方政府负有安全生产监督管理职责部门组织的安全检查,检查组应提出书面的整改要求,由施工企业制订整改措施计划。

水利施工企业自行组织的安全检查,在整改措施计划完成后,企业安全管理部门应组织有关人员进行验收。对上级主管部门或地方政府负有安全生产监督职责的部门组织的安全检查,在整改措施完成后,应及时上报整改完成情况,申请复查或验收。

对安全检查中经常发现的问题或反复发现的问题,水利施工企业应从规章制度的健全和完善、从业人员的安全教育培训、设备系统的更新改造、加强现场检查和监督等环节入手,做到持续改进,不断提高安全生产管理水平,防范安全生产事故的发生。

第二节　建设实施阶段的质量与安全监督

一、水利基本建设项目稽查管理规定

1.总要求

(1)目的。为规范水利基本建设行为,加强国家水利基本建设投资管理,提高建设资金使用效益,确保工程质量,保证稽查工作客观、公正、高效开展。

(2)基本任务。水利基本建设项目稽查的基本任务是对水利工程建设活动全过程进行监督检查。

(3)使用范围。对国家出资为主的水利基本建设项目的稽查,适用本办法。

(4)工作协作。水利部所属流域机构和地方各级水行政主管部门应对稽查工作给予协助和支持。

项目法人及所有参建单位都应配合水利基本建设稽查工作,并提供必要的工作条件。

2.机构、人员和职责

(1)组织机构。水利部水利工程建设稽查办公室负责水利基本建设项目的稽查工作。稽查工作实行稽查特派员负责制。根据需要,一名稽查特派员可配若干名专家或工作人员协助其工作。稽查特派员由水利部聘任。聘期一般为一年,可以连聘。

(2)稽查办公室主要职责:开展对水利基本建设项目的稽查,对水利建设项目违规违纪事件进行调查,负责稽查特派员的日常管理,配合国家计委重大建设项目稽查特派员办公室工作,承担部交办的其他任务。

(3)稽查特派员主要职责:全面负责稽查项目的稽查工作;迅速、真实、准确、公正地评价被稽查项目情况,并提出建议和整改意见,以书面形式及时向稽查办提交稽查报告;督促有关整改意见的落实;完成稽查办交办的其他任务。

(4)稽查特派员应当具备下列条件:熟悉国家有关政策、法律、法规、规章和技术标准;具有较强的组织管理、综合分析和判断能力;具有较丰富的水利工程建设和施工管理、投资计划、财会、审计等方面的综合管理知识和经验;坚持原则,清正廉洁,忠实履行职责,自觉维护国家利益;具有高级专业技术职称;身体健康,年龄在65岁以下。

稽查人员执行稽查任务时遵循回避原则,不得稽查曾直接管辖区域内的建设项目,也不得稽查与其有利害关系的人担任高级管理职务的建设项目。稽查人员不得在被稽查项目及其相关单位兼职。

3.稽查工作内容

(1)稽查人员与被稽查项目的关系。稽查人员与被稽查项目是监督与被监督的关系。稽查人员不参与、不干预被稽查项目的建设活动。

(2)稽查依据。稽查人员依照本办法的规定,按照国家有关政策、法律、法规、规章和技术标准等,对项目基本建设活动进行稽查。

(3)稽查工作内容。对建设项目的稽查,主要包括项目前期工作与设计工作、项目建设管理、项目计划下达与执行、资金使用、工程质量、国家有关政策、法律、法规、规章和技术标准执行情况等方面的内容。

1)项目前期工作、设计工作的稽查。对项目前期工作、设计工作的稽查,包括:项目报建、初步设计审批、可研报告审批、前期施工准备、总概算批复、建设资金落实情况,勘测设计单位质量保证体系、设计深度和质量、设计变更、现场设计服务、供图进度与质量等情况。

2)项目建设管理的稽查。对项目建设管理的稽查,包括项目法人责任制、招标投标制、建设监理制和合同管理实施情况,设计、监理、施工、设备材料供应等有关单位资质和人员资格等情况。

3)建设项目计划下达与执行的稽查。对建设项目计划下达与执行的稽查,包括计划管理和年度计划下达与执行,投资控制与概预算执行,工程投资完成情况、工程进度、形象面貌和实物工程量完成情况,汛前施工安排和安全度汛措施等方面情况。

4)资金使用的稽查。对资金使用的稽查,包括资金来源、到位和使用,合同执行和费用结算,各项费用支出,财务制度执行等情况。

5)工程质量的稽查。对工程质量的稽查包括:参建各单位的质量保证体系,工程质量管理,质量检测,质量评定,原材料、中间产品和设备质量检验数据和资料情况,工程质量现状和质量事故处理情况,工程验收等情况。

稽查工作结束后,稽查特派员须对项目建设活动进行评价,并提出整改意见或处理建议。根据工作需要,稽查特派员可以就上述部分内容或其他事项组织专项稽查。

4.稽查程序和方式

(1)稽查程序

1)稽查办根据年度水利基本建设计划安排,结合工程规模、工程投资结构、工程重要性和工程建设情况等因素,选定稽查项目,下达稽查通知书。

2）在某一时段内,为了保证稽查工作的连贯性,每个稽查特派员可负责相对固定区域内的水利基本建设项目的稽查工作。

3）被稽查项目的项目法人向有关主管部门报送建设管理、计划执行和资金使用情况等方面的文件、报表及有关资料时,应同时抄送稽查办。

4）稽查特派员根据稽查办部署和稽查项目有关情况,制定项目稽查工作提纲,深入项目现场进行稽查。

5）现场稽查结束,稽查特派员应就稽查情况与项目法人或现场管理机构交换意见,通报稽查情况。

6）稽查特派员应及时向稽查办提交事实清楚、客观公正的稽查报告。

（2）稽查工作方式

对水利基本建设项目实施稽查,可以采取事先通知与不通知两种方式。稽查人员执行稽查任务时应出示证明其身份的有效证件或文件。

稽查人员开展稽查工作,可采取下列方法和手段。

1）听取建设项目法人就有关建设管理、前期工作、计划执行、资金使用、工程施工和工程质量等情况的汇报,并可提出质询。

2）查阅建设项目有关文件、合同、记录、报表、账簿及其他资料,并可以要求有关单位和人员作出必要的说明,可以合法取得或复制有关的文件、资料。

3）查勘工程施工现场、检查工程质量,必要时,可以责令有关方面进行质量检测。

4）在任何时间进入施工、仓储、办公、检测、试验等与建设项目有关的场所或地点,向建设项目设计、施工、监理、咨询及其他相关单位和人员了解情况,听取意见,进行查验、取证、质询。

5）对发现的问题进行延伸调查、取证、核实。

稽查特派员在稽查工作中发现紧急情况,应立即向稽查办作专项报告。

5.稽查报告及整改

（1）稽查报告的主要内容

稽查报告一般应当包括下列内容:项目前期工作、设计工作情况及分析评价,项目建设管理情况及分析评价,项目计划下达与执行情况及分析评价,项目资金使用情况及分析评价,工程质量保证体系和工程质量现状等情况及分析评价,存在的主要问题及整改建议,稽查办要求报告的或者稽查特派员认为需要报告的其他内容。

专项稽查报告的内容根据专项稽查工作具体任务和要求确定。

稽查报告由稽查特派员签署,经由稽查办分别报送部有关司局征求意见。

根据稽查报告和有关司局意见,稽查办依照规定程序下发整改意见通知书,并向有关单位提出处理建议。

（2）项目整改

项目法人及有关单位必须按整改意见通知书的要求进行整改,并在规定时间内将整改情况向稽查办报告。

对项目的整改情况,稽查特派员应适时跟踪落实,必要时可进行再次稽查。

（3）处理建议

对严重违反国家基本建设有关规定的项目,根据情节轻重提出以下单项或多项处理建议:通报批评;建议有关部门降低设计、监理、施工、咨询、设备材料供应等有关单位的资质,吊销其资质证书;建议有关部门暂停拨付项目建设资金;建议有关部门批准暂停施工;建议有关部门追究主要责任人员的责任。

6.稽查人员、被稽查单位

（1）稽查人员的权力

稽查人员依法执行公务受法律保护,任何组织和个人不得拒绝、阻碍稽查人员依法执行公务,不得打击报复稽查人员。

稽查人员开展稽查工作有以下权力:

1）向项目法人及参建单位、相关人员调查、了解情况和取证。

2）要求被稽查项目的项目法人及参建单位提供并查阅与建设项目有关的文件、资料、合同、数据、账簿、凭证、报表,依法复制、录音、拍照或摄像有关的证词、证据。

3）在任何时间进入与建设项目相关的场所或地点,进行查验、取证、质询等工作。

（2）稽查人员的义务

稽查人员开展稽查工作,应当履行以下义务:

1）依法行使职责,坚持原则,秉公办事,自觉维护国家利益。

2）深入项目现场,客观公正、实事求是地反映建设的情况和问题,认真完成稽查任务。

3）自觉遵守廉洁自律的有关规定。

4）保守国家秘密和被稽查单位的商业秘密。

（3）稽查人员奖惩

稽查人员为保证水利工程质量、提高投资效益、避免重大质量事故作出重要贡献的,给予表彰。

稽查人员有下列行为之一的,解除聘任;构成犯罪的,依法追究法律责任。

1）对被稽查项目的重大问题隐匿不报,严重失职的。

2）与被稽查项目有关的单位串通,编造虚假稽查报告的。

3）干预被稽查项目的建设管理活动,致使被稽查项目的正常工作受到损害的。

4）接受与被稽查项目有关单位的馈赠,报酬等费用,参加有可能影响公正履行职责的宴请、娱乐、旅游等违纪活动,或者通过稽查工作为自己、亲友及他人谋取私利的。

（4）被稽查单位的权利

1）对稽查提出的问题，被稽查单位可以向稽查人员进行申辩；对整改或处理意见有异议的，可以向稽查办或水利部提出申诉。申诉期间，仍执行原整改或处理意见。

2）被稽查项目的项目法人及有关单位发现稽查人员有上述第（3）条相关违法行为时，有权向稽查办报告。

（5）被稽查单位的义务

1）被稽查单位应自觉按照稽查办的要求及时提供或报送有关文件、资料。

2）被稽查单位应积极协助稽查人员的工作，如实提供稽查工作需要的文件、资料、数据、合同、账簿、凭证和报表，不得拒绝、隐匿和弄虚作假。

（6）处罚

被稽查项目有关单位和人员有下列行为之一的，对单位主要负责人员和直接责任人员，由稽查办建议有关方面给予处分；构成犯罪的，移交司法机关依法追究法律责任。

1）拒绝、阻碍稽查人员依法执行稽查任务或者打击报复稽查人员的。

2）拒不提供与项目建设有关的文件、资料、合同、协议、财务状况和建设管理情况的资料或者隐匿、伪报资料，或提供假情况、假证词的。

3）可能影响稽查人员公正履行职责的其他行为。

二、现场稽查工作

水利稽查工作已开展十几年，稽查办在总结历年稽查工作实践的基础上，编制了稽查工作指南和工作手册，后来又几经修改，内容已比较完善，包括稽查工作定位，指导原则、工作程序、工作内容、法规运用等。水利稽查工作围绕水利中心，服务于水利改革和发展大局，卓有成效地开展工作。稽查工作对提高建设管理水平，消除和预防工程质量安全隐患和违法违纪现象，保证"三个安全"发挥了重要作用。

1.项目稽查工作模式

就稽查形式而言，可分为项目稽查、项目复查、专项稽查、专项调查4种。尽管形式不同，内容和重点也有区别，但工作程序和方法大致相同。其中，项目稽查是主要形式。

简单地讲，项目稽查是"1+1+5"工作模式。按制度规定，现场项目稽查实行特派员负责制，稽查组通常为七人组成：特派员负责工作统筹和决策把关，对项目稽查负责，是项目稽查的责任主体；一名特派员助理负责联络准备、文秘服务，协助特派员工作；五名专家分别实施前期与设计、建设管理、计划下达与执行、资金使用和管理、工程质量与安全五个方面内容的监督稽查，七人组成的稽查组为一个整体，共同完成项目稽查任务,提交稽查报告。

随着稽查形式的改变和稽查内容的不同,人员和稽查重点可做适当调整。

2.项目稽查工作程序

工作程序和工作方法是两个不同概念,但二者在稽查过程中又密不可分,程序中包括方法,有时方法也是一种程序。为了直观和简化,在此一并叙述。

(1)制定稽查工作方案

根据不同的稽查形式和内容,制定工作方案是必要的,因为形式和内容的不同,人员的组成会有所调整,人员的分工也会发生变化,稽查重点也不尽相同。必须根据稽查的项目特点,确定日程安排、人员分工、稽查重点,并认真学习有关的行政法规和规程规范。如复查形式应重点放在过去稽查整改意见的落实上,以及重新发现的主要问题;大型灌区稽查要认真关注灌区效益指标和建后管护等。农村饮水项目除核实解决的人口和户数外,还须特别关注水质指标和建后管护,制定稽查工作方案可书面形式,更多的是以稽查组会议形式予以确定。

(2)听取汇报

听取项目法人汇报,了解工程概况和建设管理情况,为进一步把握稽查重点奠定基础,使现场勘查和稽查内容更具有针对性和目的性。由于听取汇报时参建各方和水利主管部门人员比较齐全,这样的机会不是很多,可就不清楚问题展开适当的讨论和询问,以后再通过检查相互认证,工作效率和效果都不错。

(3)工程现场勘查

根据对工程的把握,现场勘查既要抓住重点,又要具有代表性;认真查看现场施工工艺和实体质量,发现的重大问题要查透、查实并予以取证。

对比初步设计或实施方案,掌握已完工程和未完工程情况。

对重要的质量问题(如混凝土裂缝、土石坝压实度、防渗工程、垫层厚度等)要特别关注,必要时进行质量检测。

(4)查阅资料

尽可能查阅原始资料,判断其真实性和合法性;重点查阅工程关键部位,可能存在重大问题的有关资料;重要问题资料不全的,可请有关方面予以查找,直至把问题搞清楚;必要时可约参建各方个别谈话,有必要时予以取证。

(5)稽查汇总情况

工作到一定阶段(大约2/3),召开会议汇总稽查情况,各位专家介绍基本情况和存在的主要问题,从中确定存在的主要问题及下一步进行深入工作安排;同时,各专业间广泛展开互助,从中会发现一些新的主要问题;在此基础上提出稽查报告的要求。

(6)形成稽查报告

稽查报告是稽查工作的主要成果,也是各级领导掌握工程建设管理情况的第一手资料,更是搞好整改工作的依据,应予以充分重视。

根据有关会议要求,各位专家提供了稽查报告的书面材料,特派员逐个予以审查并签字,再由助理汇总成稿。稽查报告基本内容应和专家提供的材料相符。但不一定完全一样。稽查报告应由特派员定稿,尽量做到如下要求:

基本情况完整统一:稽查主要内容有所交代,前后不自相矛盾,语言精练;存在的主要问题准确无误:满足四个原则,逻辑严谨。

整改意见针对性强:切合工程实际,不是高不可及或无法实施。

整个报告按公文格式,统一规范报告程序和用语,符合《国家行政机关公文处理办法》和水利部实施办法规定。

(7)交换意见

每个项目稽查结束时,应与项目法人及参建各方交换意见,听取各方意见,特别是事实有出入的,整个稽查结束时与省(自治区、直辖市)水利厅(局)交换意见。交换意见既是稽查意见的反馈,更是督促整改的有力措施。交换意见时,原则要坚持,方法要灵活,立场是坚定的,态度是和蔼的。

(8)下达整改通知

稽查报告经过讨论和修改,最后由特派员签字,据此下达整改通知。

3.项目稽查的重点是发现存在的突出和重大问题

稽查是对工程项目的依法监督,其职责决定主要任务是发现问题,进行整改,消除隐患。因此及时发现工程的重大问题,是稽查的首要任务。如果工程存在有重大问题而未能发现,则稽查工作是不合格甚至可以说失败的,因为重大问题可能影响工程的质量安全,也可能存在严重违法违纪问题,将对"三个安全"构成威胁,造成严重后果。整个稽查组尤其是特派员在思想上必须清楚地认识这个问题,在稽查的整个过程中始终把握好这个重点。

对于发现的重大问题,要做到"事实清楚、证据充分、定性准确、法规适用"。"事实清楚"就是查明问题的责任主体,发生问题的时间、部位,问题的程度(定性、定量),发生的原因及其危害性。"证据充分"就是掌握的有效证据(复印件、影像资料、记录签字)足以充分证明以上事实的存在。"定性准确"是对问题性质依法依规作出结论。"法规适用"引用的法规针对性强,应用范围适合。为了做到法规适用,在存在问题的底稿中,除标明引用法规的名称和文号,也将适用条款和内容一并写出,以便于对照和审核。

4.抓住稽查重点和关键环节

(1)根据不同的工程类型确定稽查重点和关键环节

水利稽查是对工程建设管理的全过程进行监督检查,稽查内容的五个方面基本囊括工程建设管理的全部内容,一般来讲工程质量和资金管理是重点,而质量又和设计工作、建设管理联系紧密,资金管理和计划管理也有内在联系。由于工程类型不同(如水利枢纽、病险水库除险加固、大型灌区、农村安全饮水等),稽查的五个方面也并不均衡,侧重点有所不同。

(2)每部分稽查内容都有自己的稽查重点和关键环节

由于稽查内容全面,现场勘查和查阅资料的时间有限,必须根据不同工程特点,抓住重点和有代表性的部位,可取得事半功倍的效果。比如工程质量稽查:其核心是质量保证体制的建立和有效运作,检查其负责、保证、控制、监督的执行情况,质量是否处于可控状态。良好的行为必然有好的实体质量成果,即使发生问题也不会有大的安全隐患。为了保证工程质量,国家规定工程的全部项目都必须纳入项目划分,而对每个单元工程都必须进行质量评定,以保证质量控制的全面覆盖。因此,单元工程质量评定是质量管理中最基础最重要的质量控制,单元工程质量良好,工程总体质量必然良好,其他分部验收、单位工程验收乃至竣工验收不过是单元工程质量评定的统计结果。所以在查阅质量有关资料时选取重要部位认真检查单元工程质量评定的真实性和合法性是质量稽查的首要任务。检查后应回答的两个问题即单元工程质量评定的原始资料是否真实,如果真实,评定结果是否满足规范程达到要求。

为保证工程重点部位质量,对质量关键要素规定了控制措施和程序即原材料、半成品质量检测(频次、内容、标准)、隐蔽工程验收(参建各方,尤其是设计单位必须参加并签字)、重点部位旁站监理、关键工艺的试验(混凝土配比、碾压试验、灌浆试验、焊接试验等)。质量体系、单元工程质量评定、关键部位质量控制三个方面构成了严密科学的质量管理体系。

认真检查实体工程质量。优良的实体工程质量是工程建设的重要目标,是工程安全的根本保证,也是发挥工程效益的基础和前提。因此实体工程质量无疑是稽查的重要内容,必须查清查实。一是要有代表性,即所有工程项目尽量都有代表性地查看;二是要有重点,即对重点工程部位要予以特别关注,如混凝土建筑物、土石坝填筑、防渗工程、基础处理、高边坡开挖和洞挖、穿堤建筑物等。

(3)关注同体建设

地方施工队伍生存发展需要工程,且在本地有近水楼台的优势,因此地方工程存在同体现象不可避免,加上目前法规对同体建设尚无明确界定,所以同体建设情况很难避免也很难界定,并且普遍存在,问题不少。

5.坚持依法稽查

(1)依法稽查是稽查工作必须遵守的原则,只有依法才能使稽查客观公正

广义的法分五个层次,包括基本法、国家法律,行政法规、部门规章、规范规程标准。前四项是广义概念的法规,第五项是技术业务规程规范标准。和稽查密切相关

的法律有五个,即《中华人民共和国水法》《中华人民共和国防洪法》《中华人民共和国合同法》《中华人民共和国招标投标法》《中华人民共和国建筑法》等。行政法规17个,包括《建设工程质量管理条例》《四部委关于加强公益性水利工程建设管理的若干意见》等;部门规章77个;法规总数百余个;技术业务规范规程标准更多。稽查人员应牢固树立依法稽查的思想,在工作中做到以事实为依据,以法规为准绳。根据不同的稽查项目,有针对性地学习有关法规和技术业务规范。

(2)法规运用应适当、适度

法律是由国家强制力保证实施的行为规范,必须严格执行。同时,由于工程类别和现场实际情况差异很大,不能生搬硬套,要结合实际、并适度,做到恰到好处,分寸得当,无过之无不及,既入情入理也令人心悦诚服。

6.做好人员管理

(1)稽查特派员应通过学习和实践,逐步具备应有的能力和素质

特派员是现场稽查的责任主体,负有组织统筹、决策把关职责,因此应具备较高和较全面的综合能力和素质。除了认真负责,廉洁自律、身体适应等条件,还有四个方面的能力是必备的:组织领导和决策能力,业务技术、管理水平和经验,稽查工作的程序、方法和重点,法制意识和法规知识。当然这是比较理想化的要求,需要一个过程,但每个特派员都应努力达到上述要求。

(2)做好稽查组人员管理

稽查成果决定于人员素质,特别是取决于认真负责的工作态度的较高的技术业务水平,但任何人都不是完美无缺的,特派员要在工作中发现每个人的长处,做到扬长避短,相互补充,充分发挥集体智慧,做好稽查工作;人们的相互接触是一个相互认识和增进了解的过程,通过对稽查人员的考察和认识,使每个人能逐步弥补和克服自身的不足,逐步成熟,同时在此过程中也会不可避免地完成人员的新陈代谢和优胜劣汰;对于新生力量要严格要求,应帮助、引导和促进其很好地完成任务,同时也促进人的素质的提高。

(3)创造条件做好稽查人员之间的沟通互动

认真负责的工作态度,较高的技术业务水平,和稽查人员的有效互动,是发现重大问题的决定因素和有效途径,发现重大问题是稽查深入的必然结果。认真负责才能锲而不舍,水平高超才能见微知著,有效互动才能在矛盾中发现问题。

(4)注意人员安全和身体健康

由于很多专家年事已高,身体条件也有差异,再加上稽查区域的自然条件的复杂性,稽查过程中要特别注意人员安全和身体健康。

第三节 工程验收阶段的质量与安全监督

一、工程质量与安全稽查工作主要内容

水利工程建设实行项目法人负责、监理单位控制、施工单位保证和政府质量监督相结合的质量管理体制。

参建单位按法规、标准组成项目管理部，建立质量管理机构，任命负责人和技术负责人配备质量管理人员，制定有关工程质量的规章制度。人员的专业、素质、数量配备应满足施工质量检查的要求，监理测量、质检、试验及特种作业人员应持证上岗。

施工单位根据合同约定或工程需要建立质检机构，试验仪器设备应经过计量部门鉴定。不具备检测、试验条件的施工单位，应委托具有相应资质单位进行检测。

质量监督机构应根据工程建设需要建立质量监督项目站，委派具有相应资格的专职质量监督员进行质量监督。

1.工程质量管理

（1）项目法人质量管理

1）项目法人应向水利工程质量监督机构办理工程质量监督手续，组织设计单位向施工单位进行设计交底。

2）项目法人应对施工、监理单位的质量行为和工程实体质量进行监督检查。

3）项目法人对施工中出现的工程质量事故，应按规定进行调查、报告，并按照"三不放过"（原因不清不放过、责任不明不放过、措施不力不放过）的原则进行分析、处理。对已建工程质量有重大分歧时，应及时委托具有相应资质等级的第三方质量检测机构对工程质量进行必要的检测。

（2）监理单位质量控制

1）总监理工程师应负责全面履行监理合同约定的监理单位职责，签发施工图纸，审查施工单位的施工组织设计和技术措施，签发有关指令、通知等重要监理文件，主持施工合同实施中的协调工作。

2）监理人员应按监理合同要求，对主要工序、关键部位单元工程进行旁站监理，并做好旁站监理记录，对施工单位自检行为进行核查。

3）监理机构应按照有关规定或合同要求，对工程实体质量进行抽检，及时对施工单位的质量检验结果进行确认，对单元工程质量等级进行复核。

4）监理机构对施工质量缺陷应按照规定记录备案，消除缺陷手续应当完备。应按照规定处理工程质量事故。

5）《监理实施细则》应符合工程的实际情况，"监理日志""监理月报""监理工作报

告"等应及时、准确、真实地反映工程质量情况。

（3）施工单位质量保证

1）工程原材料、中间产品、工程实体质量的检测项目、数量和标准应满足规范和设计要求，各项检测记录应及时、真实、齐全，记录、校对、审核等签字手续应当完备。

2）施工单位必须按照工程设计要求和施工技术标准施工，不得擅自修改工程设计，不得偷工减料。

3）施工质量检查应做到班组初检、处（队）复检、项目经理部质检机构终检的"三检制"。施工记录、质量评定表、检验单及其他备查资料应当真实、完整。按照规范、规程和技术标准，及时对单元（工序）工程质量进行等级评定，单元（工序）工程验收评定手续应当齐全。

4）工程质量缺陷及质量事故应及时记录、备案、报告，及时进行处理。

（4）监督机构质量监督

1）质量监督机构应对工程建设实施强制性监督，对各参建单位的质量管理体制、质量行为及工程实体质量进行监督检查。

2）质量监督机构应做好质量检查记录；发现工程存在质量问题及时书面通知项目法人，督促有关单位予以整改。

（5）工程项目划分，质量评定与验收

1）主体工程开工前，由项目法人组织监理、设计及施工等单位，按照工质量检验与评定规程的要求进行工程项目划分，并确定主要单位工程、主要分部工程、主要单元工程、重要隐蔽单元工程和关键部位单元工程；项目法人应将项目划分表及说明书面报质量监督机构；质量监督机构应对项目法人上报的工程项目划分以文件的形式予以确认。

2）施工单位应按照《水利水电工程施工质量评定表填表说明与示例（试行）》的规定填写工程质量评定表。单元（工序）工程、分部工程、单位工程和工程项目质量评定应符合规程要求。监理单位应按规定对工程质量评定结果进行复核。

3）项目法人应按有关规定组织重要隐蔽单元工程、关键部位单元工程、分部工程、单位工程、合同工程完工验收。分部工程可委托监理机构组织验收；验收程序必须规范，手续应当齐全。

4）重要隐蔽单元工程、关键部位单元工程、分部工程质量结论应报质量监督机构进行核备，大型枢纽工程主要建筑物分部工程、单位工程、工程项目的结论应报质量监督机构进行核定。

5）单位工程外观质量评定，应由项目法人组织监理、设计、施工及工程运行管理等单位组成工程外观质量评定组，现场进行工程外观质量检验评定，并报质量监督机构核定。

6）根据竣工验收的需要，竣工验收主持单位可以委托具有相应资质的工程质量检测单位对工程质量进行抽样检测。项目法人应负责提出工程质量抽样检测的项目、内容和数量，经质量监督机构审核后报竣工验收主持单位核定。

7）在工程竣工验收时，质量监督机构应提出工程质量监督报告。

8）工程施工期及试运行期，单位工程观测应当及时，记录应当真实，应按有关规定进行成果分析。

2.工程实体质量

（1）检查施工现场工程质量

在施工的现场检查参建各单位的质量行为是否规范，分析对工程实体质量的影响；已经完工的工程的现场注重检查外观质量问题，对有怀疑的地方进行必要的开挖或破坏性检查，以发现工程实体质量问题。

（2）检查施工单位的检验及检测的成果

施工单位采购的建筑材料、中间产品的出厂质量证明材料是否合格、齐全，施工单位对建筑材料、中间产品质量检测的项目、数量是否满足国家有关规程、规范的要求，质量检验的结果是否满足规范要求，施工单位对建设工程实体质量进行检测的项目、数量是否满足规定要求，检测结果是否真实，是否满足单元工程施工质量验收评定标准和设计要求。

（3）检查监理机构的抽检及核验的成果

监理机构对建筑材料、中间产品质量进行抽检的项目、数量是否满足规定要求，检测结果是否满足规范和设计要求，监理机构对施工单位工程实体质量自检进行核验的结果是否满足单元工程施工质量验收评定标准的要求。

（4）检查工程质量缺陷及事故处理记录

检查工程质量缺陷处理记录、质量事故处理报告。追查对工程实体质量带来的后果。

（5）检查项目法人委托抽检及检验的成果

项目法人委托有资质的检测工程单位抽查建筑材料、中间产品抽检的项目、数量是否满足有关规定要求，对建设工程实体质量进行检验的结果是否满足单元工程施工质量验收评定标准的要求，统计分析资料是否真实，对质量有异议的建筑材料、中间产品及建设实体质量进行专门检测或检查试验的结果是否满足规范和设计要求。

（6）检查工程外观质量评定的成果

水工建筑物工程实体的外观质量评定及监督机构核定的外观质量结论是否满足规范和设计要求。

二、项目稽查的重点和主要方法

1.工程质量稽查工作重点

（1）以工程实体安全为纲

工程质量稽查的内容很多，如工程质量管理体制、建设单位质量管理、施工单位质量保证、监理单位质量控制、监督机构质量监督、工程项目划分、工程质量检验、工程质量评定、外观质量评定、工程实体质量、工程项目验收等，千头万绪都要以工程实体安全为纲，特别关注工程关键部位和重要隐蔽工程的实体质量的检查。

（2）稽查工作各个环节的侧重点

在各参建单位的检查中，应以施工及监理单位检查为重点；在质量行为及工程实体质量的检查中，应以工程实体质量检查为重点；在各种施工项目的检查中，应以重要单位工程及工程关键部位为重点；在检测、检验资料检查中，应以检查资料的真实性为重点。

2.工程质量稽查工作方法

（1）界定工作范围，避免重复劳动

工程质量稽查与建设管理稽查工作有交叉，在建设管理稽查工作中，有项目法人、招标、监理、合同管理等制度的执行情况，这些内容与工程质量稽查密切相关，例如，参建单位的资质、机构设置、人员数量、重要人员素质、工作计划、规章制度、日志月报等已经在建设管理稽查工作指南中明确。工程质量稽查侧重与工程实体质量有直接关系的质量行为，即施工规范、施工质量检验与评定规程、验收规程中要求质量行为的稽查。

（2）在稽查活动中密切关注工程质量

在听取参建单位情况介绍和询问中，可以对各单位的质量管理情况有轮廓性地进行了解；正在施工的现场检查是发现工程质量问题关键，参建各单位的质量行为是否规范都可以得到检验；已经完工的工程现场检查不仅可以发现外观质量问题，对有怀疑的地方进行必要的开挖或破坏性检查还可以发现一些重要的工程质量问题；更多的问题是在查阅资料的过程中发现的。

（3）请参建单位协助

在稽查工作开始前，提前把"向参建单位索要资料清单"提供给各单位，以节省准备材料的时间；把"要求参建单位提供的统计表"提供给施工及监理单位，请他们协助统计，稽查人员只需要核对，以节省时间。

（4）必要时进行现场检测

稽查发现，不少工程项目施工质量检验资料没有代表性，现场检验结论与资料不符。因此，稽查工作指南中，增加了现场检验的要求，要求项目法人在稽查工作期间，对工程的部分关键部位进行检测,必要时请示稽查机构复测。在短短的几天中,既要看大量的资料,又要参与现场检测,完成这项工作任务困难大,需要妥善安排。

(5)及时搜集证据,减少返工

观察到的问题要随时随地拍照片,资料中发现的问题要及时将证据复印,口述的证据要有当事人签名、单位盖章,现场检验的证据手续要完整。存在问题的文字叙述要与法规或规范的文字叙述相吻合。

第四节 水利工程档案管理

一、水利工程档案的定义和特点

(一)水利工程档案的定义

为揭示水利工程档案的内涵,加强水利工程建设项目档案管理,明确档案管理职责,规范档案管理行为,充分发挥档案在水利工程建设与管理中的作用,水利部颁发了《水利工程建设项目档案管理规定》,对水利工程档案定义作了如下表述。

水利工程档案是指水利工程在前期、实施、竣工验收等建设阶段过程中形成的,具有保存价值的文字、图表、声像等不同形式的历史记录。

水利工程档案定义从以下几个方面揭示了水利工程档案的本质属性,明确了它同其他档案以及科技资料、科技情报的本质区别。

1.定义揭示了水利工程档案的内容性质和产生领域,规定了水利工程档案同一般政务档案和其他档案在性质上的区别。档案是人们社会实践活动的历史纪录,这是所有档案的共同属性。但是,人们的社会实践活动是多种多样的。因此,在此实践活动中形成的档案门类很多,如政务档案、会计档案、诉讼档案、地名档案等。水利工程档案和所有这些档案的根本区别,在于它是在产生于水利工程建设活动中,它论述和反映自然界各种物质和运动现象的规律,记述和反映人们认识自然、改造自然的各种活动,这就是水利科技档案的本质属性,同时也是构成水利工程档案的基本要素,还是工程档案区别于其他一切档案的基本标准。

2.定义明确了水利工程档案是水利工程建设活动的直接记录,规定了水利工程档案同科技资料和情报在性质上的区别定义规定,水利工程档案是在工程建设活动中直接形成的,它直接记录自然现象或具体项目的运动过程和实体,是人们认识自然和改造自然活动的原始记录。工程档案是第一手材料,而不是事后另行编写和搜集的,它具有依据、凭证作用,科技资料和情报则不同,它们是为了科技、生产、建设活动参考的需要而交流、购买来的间接材料,不具有依据和凭证作用。

3.定义明确了水利工程档案具有保存价值和以备查考的材料,规定了水利工程档

案同一般文件材料的区别

首先,水利工程档案是具有保存价值的文件材料,并非所有在工程建设活动中形成的文件材料都具有保存价值,没有保存价值的工程文件不需要归档,也就不会转化为工程档案。因此,有没有保存价值则是归档的前提。

其次,工程档案是随着建设活动的进展,经技术,专业人员筛选、鉴定和系统整理,由项目负责人或部门负责人审查认可,并履行有关手续后的文件材料。履行有关手续有两个阶段。第一阶段是项目负责人或部门负责人对形成的案卷进行审查认可,并在备考表或有关表格签名。从广义角度来讲,此时的案卷已转化为档案,并不因存放地点变化和是否办理归档手续而影响其特性。如在重点工程建设中,施工单位在向建设单位移交单项工程竣工档案前,虽然没有办理归档手续,但实质上已具备了档案的基本属性。经项目负责人审查认可后的案卷,可以认为此时已由工程文件材料转化为工程档案,并受《中华人民共和国档案法》有关条款的约束。第二阶段是业务部门向档案部门办理归档手续,从狭义角度来讲,此时的案卷已进入档案业务管理的范畴,并按照整理、鉴定、保管、利用、统计等工作环节的具体要求进行管理。

最后,作为工程档案保存起来的工程文件材料,已经同一般意义上的工程文件材料有了性质上的不同。从它们的作用来讲,工程文件材料产生于工程建设活动,它是为现实工程建设和管理所必备的一种工具,而工程档案是把已有的成果提供出来为工程建设和管理服务,起依据凭证或参考作用,这是由工程建设活动有其延续性和继承性所决定的。从它们存在的形式方面讲,工程档案是经过系统整理的工程文件材料,它组成了一定的保管单位,并由专人进行管理。而工程文件是按形成时的原始状态,分散在单位各部门或各项活动中。由此可见,两者是一个事物的两个不同阶段,工程文件材料在一定条件下转化为工程档案,工程档案总的来讲可以说是工程文件材料的归宿。

(二)水利工程档案的特点

1.专业技术性

工程档案是在工程建设活动中产生形成的,是按工程专业分工进行的。不同专业有着不同的技术内容和方法。在水利工程专业技术领域形成的工程档案,就集中地反映和记录了水利工程专业技术领域的科技内容及相关的技术方法和手段。水利工程档案所具有的专业性特点,既与一般档案不同,也与其他不同专业技术领域形成的科技档案彼此之间相互区别开。

2.成套性

水利工程建设活动,通常是以一个独立的项目为对象进行的。一个工程项目的设计和施工必然形成若干相关的工程技术文件材料。这些文件材料全面记录了该工程项目活动的过程和成果,它们之间以不同的建设阶段相区别,又以总体的建设程序和建设内容相联系,构成了一个反映和记录该项工程建设活动材料整体。因此,水利工程档案资料也是成套的。

3.现实性

水利工程档案由于专业性、技术性和实用性较强,不同于其他文件。其他文件归档以后,基本上完成了现行功能,多是用来进行历史查考;水利工程档案则不同,不仅没有退出现行使用过程,而且归档的大多数工程技术档案将在较长的时期内发挥现行效用,如在工程设计、施工单位,归档保存的计算数据和工程底图、蓝图是进行设计、现场施工和套用的依据,使工程档案同工程建设活动紧密联系,不可分离。

4.多样性和数量大

工程档案多样性是说种类繁多,类型极为复杂,记录方式多种多样,在物质形态里呈现多样化的鲜明特点。数量大是说工程档案与其他档案相比较,形成数量多、增长速度快、库藏量大,按照有关要求,工程档案资料一般要多套分库保存。

二、水利工程档案管理工作的意义和内容

(一)水利工程档案工作的意义

水利工程档案是历史的记录,是水利科技档案的重要组成部分。它来源于工程建设全过程,不仅在建设过程中的质量评定、事故原因分析、索赔与反索赔、阶段与竣工验收及其他日常管理工作中具有重要作用,而且在工程建成后的运行、管理工作中,也是不可缺少的依据和条件。这就是说,水利工程档案准确、系统、全面、完整地反映和记录了水利工程项目建设的全过程,是水利工程建设巨大的宝贵财富和信息资源。

要对历史负责,就一定要重视档案工作,这是国家赋予我们的责任。尤其是在建立工程质量终身负责制的今天,档案的凭证作用更为重要。如果忽视档案管理或者没有建立工程档案工作,造成档案资料的残缺或者不准确,其结果必然会影响工程的建设、管理和验收工作,也会给工程档案资料的收集、整理和利用造成不可弥补的损失。因此建立和加强水利工程档案管理工作,是项目建设管理工作的需要,也是国家和水利部的共同要求。它对领导决策和工程日后管理及提高社会经济效益、解决纠纷、保护部门利益等都具有重大意义。国家档案部门和水利部明确规定,工程档案达不到要求的建设项目不能进行竣工验收。为实现优质工程、优质档案的管理目标,必须建立完整、准确、系统、翔实可靠的档案材料,只有这样,我们才能对历史负责,更好地完成历史与现实赋予我们的重任。

(二)水利工程档案管理工作的步骤

如何水利工程档案管理工作,按照水利部要求一般要经历以下几个步骤:

首先,水利工程建设项目的领导要对工程档案工作给予高度的重视,落实领导责

任制,明确分管档案工作的领导和专兼职档案工作人员,成立档案工作领导小组,建立集中统一的档案管理网络系统,统一组织协调工程建设的档案工作。

其次,根据国家有关档案管理工作的规章制度,建立健全本单位的工程档案管理工作制度。这些制度的内容应包括:工程档案工作的性质、任务及其管理体制,工程档案的作用及其与工程建设项目之间的关系,工程档案资料的形成与整理的主体(由谁负责),工程档案包含的具体内容及各类档案材料的分类方案与保管期限表,工程档案资料的整理标准及归档时间与份数。此外,为进一步加强档案的管理工作,各单位在建立档案管理制度的同时,还应建立档案的保管、保护与安全及有效利用。

再次,将工程档案工作纳入相关的管理工作程序和有关人员的职责范围,明确和建立各建管单位、设计、招标代理、监理、施工、设备生产、检测等参建单位应履行的档案责任制。

最后,档案部门和档案人员要认真履行职责,加强对工程文件材料的形成、积累、整理工作及项目档案的动态监督、检查指导。

(三)水利工程档案工作的内容及基本原则

1.水利工程档案工作的内容

水利工程档案工作的内容包括宏观管理和微观管理两个方面的内容。

(1)水利工程档案工作的宏观管理

水利工程档案工作的宏观管理,是指对整个水利工程档案工作实行统一管理,组织协调,统一制度,监督、指导和检查。它的内容主要包括:各级水利工程建设单位档案机构的设置和职责范围以及档案队伍建设工作,水利工程档案业务指导工作,水利工程档案工作的规章制度、工程档案工作的标准化和工程档案工作的现代化等内容。

(2)水利工程档案工作的微观管理

水利工程档案工作的微观管理,是指制定与实施各项具体业务建设的原则和方法以及组、协调工程各参建单位档案管理工作。

水利工程档案的各项业务建设,是指按照科学的原则和方法对水利工程建设中形成的文件材料进行专门的管理,其具体内容如下。

1)档案的收集工作,即把分散形成的,具有保存和查考利用价值的工程档案收集起来,实行集中保存和管理。

2)档案的整理工作,即把集中管理起来的工程档案分门别类、系统排列和科学编目,以便于安全保管,目的是最大限度地满足利用。

3)档案的鉴定工作,即鉴别工程档案的利用和保存价值,确定档案的保管期限,并对已到保管期限的档案重新进行鉴定以确定继续保存或剔除销毁。

4)档案的保管工作。即采取一定的措施,保护工程档案的完整和安全,保守国家机密,防止并克服各种自然的和人为的不利因素对工程档案所起的损坏作用,并利用各种现代科学技术手段和现代化设施,最大限度延长工程档案的保管寿命。

5)档案的统计工作,就是通过工程档案数量的积累和数量分析,了解并掌握档案数量变化和质量的情况、业务管理工作上的有关情况及其规律性。

6)档案的检索工作,即运用一系列专门方法将档案的信息内容进行加工处理,编制各种各样的检索工具(目录),并运用这些检索工具为利用者查找到所需档案。其意义与价值是为开展利用档案信息架设桥梁,锻造并提供打开档案信息宝库的钥匙。

7)档案的编研工作,编研是一项研究性的工作。其基本任务是对档案内容进行编辑、研究、出版等,将档案信息主动开发提供给社会和水利工程建设者利用。其意义与价值在于拓展档案信息发挥作用的空间范围和时间跨度,充分有效地发掘并实现档案信息的潜在价值,扩大档案工作的社会影响,促进社会对档案工作的认识和了解,增强社会各界的档案意识。

8)档案的利用工作,即创造各种条件,积极、主动开发档案信息资源,最大限度地满足社会和水利建设事业对档案的利用需求和提供服务。其意义与价值:一是直接实现档案价值,使档案发挥其应有作用;二是沟通档案工作与社会和工程建设的联系,检验评价档案管理工作的总体状况、水平和工作成效。

2.水利工程档案工作的基本原则

《档案法》规定:"档案工作实行统一领导、分级管理的原则,维护档案完整与安全,便于社会各方面的利用。"这是用国家法律的形式确定了我国档案工作的基本原则。《科学技术档案工作条例》也要求科技档案"应当按照集中统一管理科技档案的基本原则,建立、健全科技档案工作,达到科技档案完整、准确、系统、安全和有效利用的要求"。毫无疑问,水利工程档案工作应当贯彻执行这一基本原则。

(1)水利工程档案要实行集中统一管理

水利工程档案实行集中统一管理,表现在以下三个方面。

1)按照档案法的有关规定,国家机关、企事业单位形成的档案,必须按照规定定期向本单位档案机构或者档案工作人员移交,集中统一管理,任何个人和集团不能据为己有。水利工程档案要为水利建设事业服务,为水利各项工作的需要服务。

2)按照科技档案管理条例按专业分级管理的要求,水利工程档案按工程项目实行集中统一管理。各级水行政主管部门和水利工程建设项目法人按照国家有关档案工作的统一规定和要求,结合水利工程建设项目的情况和特点,制定本工程系统档案工作的规划、制度和办法,对本系统本工程的档案工作进行指导和监督,保证国家有关档案工作的方针政策在本系统本工程得到贯彻执行。

3)水利工程档案工作要有统一的管理制度。水利工程档案工作制度是整个水利工程建设和管理制度的一项内容和有机组成部分。

（2）水利工程档案要达到完整、准确、系统和安全

1）水利工程档案要完整，就是要求工程档案资料要齐全成套。不能缺项。如工程建设不同阶段的档案资料要齐全，每个阶段产生的各类档案资料（包括纸质档案、电子档案、声像档案等各种载体材料的档案资料）也要齐全。

水利工程档案是整个工程建设活动的历史记录，它客观反映和记录了工程建设的全过程和全部情况，这是工程档案最基本的功能和特征，因此，水利工程档案必须完整。

齐全完整、真实客观的工程档案材料既彼此区别、又互相联系，形成了一个具有严密有机联系的整体，只有通过这个工程档案整体，才能反映该项工程的全部情况和历史过程，进而才能为工程管理提供真实客观的依据和利用。因此，水利工程档案管理工作的重要任务之一，就是维护这个整体的完整，维护工程档案的齐全成套。

2）水利工程档案要准确。水利工程档案要达到准确，就是要保证工程档案所反映的内容要准确，其中包括文字、数字、图表、图形都要准确，特别是竣工图要能准确反映工程建设的实际状况，确保工程档案的质量和真实性。

准确性是对所有科技档案的一个普遍性的要求，但是对工程档案、设备档案，产品档案准确性的要求尤为突出，这是因为这几种档案容易出现失真、失准问题。工程建设项目档案不准确的原因主要包括：一是工程中的变化情况，没有在竣工图中得到反映，或没有编制竣工图；二是工程中一些表格反映的数字有的失真失准；三是工程在管理、使用、维护、改建、扩建过程中的变化情况，没有反映到工程建设档案中。

3）水利工程档案必须系统、安全。水利工程档案的系统，就是要求所有应归档的文件材料，应保持其相互之间的有机联系，不能割裂分离，杂乱无章，相关的文件材料要尽量放在一起，特别要注意工程项目文件材料的成套性。

维护水利工程档案的安全，就是要注意保护工程档案机密又要防止档案材料的丢失。必须具备符合档案保管要求和条件的档案库房，不断改善和加强保护措施，注意延长工程档案的寿命，防止工程档案遭到损坏、散失，防止档案泄密和丢失。

（3）水利工程档案要进行有效利用

实现水利工程档案的有效利用，是指要大力开发水利工程档案信息资源，充分发挥工程档案的作用，满足利用者对档案的需要，及时、准确地提供工程档案为社会和水利建设服务，这是水利工程档案工作的出发点和根本目的。档案工作做得是否有成效，主要用档案工作的社会效益和经济效益来衡量。同时，便于社会和水利建设对工程档案的利用，也是保证工程档案工作得以发展的重要条件。

水利工程档案工作基本原则的三个组成部分，是相互联系又辩证统一的有机整体。水利工程档案实行集中统一管理，才能够达到完整、准确、系统和安全的要求，其最终是为了有效的利用；反过来，有效的利用，有助于促进工程建设者做好工程文件

材料的形成、积累、整理和归档工作,更好地实现工程档案的集中统一。因此,应该全面地理解和贯彻执行工程档案工作的三项基本原则。

三、水利工程档案管理工作的基本要求

(一)各级建设管理部门和参建单位档案管理工作职责

各级建设管理部门和参建单位应加强领导,将档案工作纳入水利工程建设与管理中,建立健全档案管理机构,明确落实相关部门和档案专(兼)职人员的岗位职责,确保水利工程档案工作的正常开展。

1.项目法人档案管理主要职责

按照水利工程建设项目档案管理规定,项目法人对水利工程档案工作负总责,须认真做好自身产生档案的收集、整理、保管工作,并加强对各参建单位归档工作的监督、检查和指导。其档案管理主要职责如下。

(1)贯彻执行有关法律、法规和国家有关方针政策,建立健全工程档案管理办法和档案作规章制度并组织实施,推行档案管理工作的标准化、规范化、现代化。

(2)负责组织、协调、督促、指导和检查各参建单位和各级建管单位档案工作及本单位部门档案的收集、整理、归档工作,加强归档前文件材料的管理。档案理人员会同工程术人对文件材料的归档情况进行定期检查,实行动态跟踪管理,审核验收归档案卷。

(3)集中统一管理项目法人本单位各部门和直接建设管理工程全部档案资料。实行文档一体化管理。编制档案分类方案、归档范围和保管期限表及检索工具,做好档案的接收、移交、保管、统计、鉴定、利用等工作,为工程建设管理服务。

2.各级建管单位档案管理主要职责

(1)对项目法人负责。集中统一管理本建管单位负责建设管理工程的全部档案资料。

(2)负责督促、指导、检查所属工程建设管理项目档案的收集、整理、归档工作。

(3)按有关规定向项目法人上报本单位立卷归档的档案案卷目录、卷内目录、纸质档案和相应光盘。

3.各参建单位档案管理主要职责

各参建单位应采取有效措施,确保所建项目整个过程各种载体、全部档案资料的动态跟踪管理。工程建设的专业技术人员和管理人员是归档工作的直接责任人,须按要求将工作中形成的应归档文件材料,进行收集、整理、归档。工程项目经理应为项目档案管理第一责任人,并在提出工程预付款申请及分部、单位工程验收申请时,同时上报已有档案案卷目录、卷内目录及档案资料和相应光盘。

(1)勘测设计单位应根据有关要求分项目按设计阶段,对应归档的勘测设计材料原件进行收集、整理和立卷,按规定移交项目法人。

（2）施工及设备制造承包单位负责所承担工程文件材料的收集、整理、立卷和归档工作。应加强归档前档案资料的管理工作，严格登记，妥善保管，会同工程技术人员定期检查文件材料的整理情况，及时送交相应监理单位签署审核与鉴定意见。

（3）监理单位档案管理职责：监理单位负责对工程建设中形成的监理文件材料进行收集、整理、立卷和归档工作；督促、检查施工承包单位档案资料的整理工作，对施工档案资料及时签署审核与鉴定意见。总包单位对各分包单位提交的归档资料应履行审核、签署手续，并由监理单位向项目法人提交审核工程档案内容与整理质量情况的专题报告。

（4）项目法人委托的代理机构应对在本业务中产生的全部文件材料负责，按项目法人档案管理办法对应归档的文件材料进行收集、整理立卷，按规定移交项目法人。

（二）水利工程档案管理基本要求

水利工程档案管理工作是一个系统工程。它在工程的发展中环环相扣，段段相连，步步延伸，逐渐形成。在每一个环节所形成的档案材料的质量，反映了工程管理水平和质量，最终决定了整个工程档案质量。因此档案工作要从源头抓起，采取有效措施和制度，抓好档案形成和过程管理，才能创精品工程，出精品档案。以下是按照国家和水利部有关规定和要求应执行落实的几项管理制度。

1.水利工程档案"三参加"管理制度

"三参加"管理制度是国家和水利部为加强科技档案工作早就明确规定的。各工程必须施行、落实档案人员的"三参加"制度。"三参加"的主要内容包括：一是档案人员参加工程项目的有关专业（布置工作）会议制度，让档案人员及时了解工程的进展情况、汇报档案工作的完成情况以及遇到的困难和问题，以使领导给予重视和支持。二是参加设备开箱工作。目的是对设备出厂文件及时进行登记、收集，监控设备出厂技术文件、图纸，确保设备出厂文件材料能够齐全、完整地归档，防止散失。三是参加项目的评审、鉴定、验收活动。工程档案的预验收，在工程竣工验收时，档案人员配合工程技术人员，对施工单位在施工、安装等过程中形成的记录、实验报告、质量评定等内容是否真实、准确，有无施工单位、监理单位、建设单位的审核、签字，竣工图是否与实物相符，工程负责人、技术负责人、编制人的签字是否完备，编制时间是否准确，有无监理部门的审核等都要作为重点进行检查。对检查出来的问题，提出具体整改意见和时间要求，确保竣工档案能够按时、完整、准确移交。

2.水利工程档案"四同步"管理制度

"四同步"管理制度，即"工程档案工作与工程建设进程的四个同步管理"。它是指在工程建设过程中，工程的各有关部门在抓工程建设的同时，要注意抓好工程档案的管理工作。应将工程档案工作贯穿水利工程建设程序的各个阶段，实现工程项目档案工作与工程建设的同步进行、同步完成。其具体内容包括：从项目立项水利工程建设前期就应进行文件材料的收集和整理工作;在签订有关合同、协议时,应对水利工程档案的收集,整理、移交提出明确要求;检查水利工程进度与施工质量时,要同时检查水利工程档案的收集、整理情况;在进行项目成果评审,鉴定和水利工程重要阶段验收与竣工验收时,要同时审查、验收工程档案的内容与质量,并作出相应的鉴定评语。

为什么要进行"工程档案工作与工程建设进程的同步管理"? 这是因为,在工程建设过程中的不同时期或阶段,都会产生大量的原始材料(如合同、协议、施工设计、施工记录、质检材料等),如能及时地将这些应归档的原始材料收集整理起来在当时还比较容易。随着工程建设进程的不断深入,文件材料就会越积越多,如果在工程建设的不同阶段,不能及时完成应归档材料的收集整理工作,对工程档案的完整、准确和系统必将产生十分不利的影响。如果到竣工阶段再进行文件材料的收集整理工作,一定会造成意想不到的困难。到这时就会由于时间过长、管理体制变化,或者工程技术人员的工作变动等原因,造成有关工程档案资料之间的关系不清(不同阶段的文件材料可能混杂在一起)、应归档的材料不全(散存在个人手中或者已经丢失)、竣工图编制不准确(未对施工变更部分及时进行修改)等问题。其中有的问题,在当时是比较容易弥补和避免的。残缺不全或不成系统的工程档案资料不仅给整理工作带来困难,而且对日后工程档案资料的利用都会留下十分严重的隐患。所以参与工程建设的各方都要对此予以足够的重视,将工程项目档案与工程建设的同步管理、同步完成落到实处。

实行"三参加""四同步"管理制度的根本目的,是加强档案的收集工作,从源头上控制档案管理与工程建设同步进行,把住各个关键环节,确保工程档案能够完整、准确、系统地收集到档案部门,以便日后为工程各项工作提供更好的服务。

3.水利工程档案评比及验收考核制度

建立和实行工程档案评比及验收考核制度,是衡量和确保全部工程档案质量与效果的重要措施和手段。根据水利部《水利工程建设项目档案管理办法》的规定,优良工程的档案质量等级必须达到优良,档案资料质量(特别是竣工图)达不到规定要求的,应限期整改,仍不合格的,不得进行工程验收和进行质量等级评定。项目法人不得返还工程质量保证金。

4.水利工程档案管理工作程序

强化项目工程档案的过程管理是搞好工程档案工作的关键环节。为减少和克服档案工作的随意性,建立规范有序的严格的工作程序,只有将档案管理纳入工程的合同管理与质量管理,才能有效地保证工程档案工作与工程建设同步进行。水利工程建设项目法人单位可视具体情况,结合本工程参照执行以下档案管理工作程序。

(1)建立健全档案管理工作机构和工作网络。项目法人单位成立档案工作领导小组及办公室,确定档案管理工作负责人及档案管理人员;制发涉及项目法人的内部文秘、档案管理等管理办法、制度。明确参建单位档案管理工作职责,建立健全档案管理工作网络。

(2)档案管理工作程序。工程参建单位到招标(代理)单位领取中标通知书时,同时递交符合归档要求的投标文件的电子版;签订工程合同时,工程参建单位须出示中标通知书并领取水利工程建设管理办法(光盘),填报档案管理一览表;工程参建单位申请支付预付款时提交本单位工程项目档案工作计划;参建单位申请支付工程进度款的同时,提交相应工程阶段拟归档的纸质、照片、录像(音)档案及电子版或档案资料案卷目录、卷内目录或档案资料电子版;工程检查时将工程档案列入必检内容同时进行检查;工程验收前首先对工程档案进行验收。

四、水利工程档案案卷划分及归档内容与整编要求

(一)水利工程档案案卷划分及归档内容

同一工程项目建设管理,各参建单位因其工作职责不同,归档内容各异,现分述如下。

1.勘测设计单位案卷划分及归档内容

勘测设计单位案卷划分及归档内容见表8-1。

表8-1 勘测设计单位案卷划分及归档内容

卷次	案卷题名	归档内容	备注
第一卷	设计管理及设计文件	设计委托书、合同、协议;设计计划、大纲;总体规划设计;初步设计批复,初步设计及附图;施工图设计批复,施工图设计文件及附图,有关附件和设计变更;设计评价、鉴定及审批;关键技术实验	以单位工程或建筑物为单位组卷
第二卷	设计依据及基础材料(提交案卷目录、卷内目录及光盘)	设计所采用的国家和部委颁布的标准、规范、规定、规程等(提交目录),工程地质、水文地质资料、地质图,勘查设计、勘查报告、勘查记录、化验、试验报告,重要岩、土样及有关说明,地形、地貌、控制点、建筑物、构筑物及重要设备安装测量定位,观测记录,水文、气象、地震等其他设计基础材料	以单位工程或建筑物为单位组卷
第三卷	照片、录音、录像及电子文件资料	设计审查会议文件及多媒体光盘,设计管理文件、设计文件及附图电子版光盘,照片及数码底片光盘,勘测设计过程及重大活动的原始录像带及编辑后的录像光盘	以单位工程或建筑物为单位组卷
第四卷	其他		

2.招标(代理)单位案卷划分与归档内容

招标(代理)单位案卷划分与归档内容见表8-2。

表8-2　招标(代理)单位案卷划分与归档内容

卷次	案卷题名	归档内容	备注
第一卷	招标会议文件	《中国采购与招标网》招标公告发布确认函,《中国水利报》招标公告,有关领导讲话,评标委员会成员名单,评标报告,招标人标底,山东水利工程建设项目评标专家抽取名单,问题澄清通知及答复,答疑文件(需解决的问题);××工程招标公证书,投标人签到表、报价记录、报价得分计算表、投标人报价得分汇总表,评标委员会审查意见(综合与商务组、技术组)	以招、投、评标会议为单位组卷
第二卷	招标文件	按标段或内容	以标段或单位工程组卷
第三卷	投标文件	按标段或内容	以标段或单位工程组卷
第四卷	招标现场查勘、开标会议照片、录音、录像及电子文件资料	照片及数码底片光盘、原始录像带、编辑后的录像光盘、全部纸质文件电子版光盘	
第五卷	其他		

(二)水利工程档案资料组卷及整编要求

1.组织案卷

(1)组卷原则

案卷是由互有联系的若干文件组合而成的档案保管单位。组成案卷要遵循文件的形成规律,保持案卷内文件材料的有机联系,相关的文件材料应尽量放在一起,便于档案的保管和利用。做到组卷规范、合理,符合国家或行业标准要求。

(2)组卷要求

1)案卷内文件材料必须准确反映工程建设与管理活动的真实内容。

2)案卷内文件材料应是原件,要齐全、完整,并有完备的签字(章)手续。

3)案卷内文件材料的载体和书写材料应符合耐久性要求。不应用热敏纸及铅笔、圆珠笔、红墨水、纯蓝墨水、复写纸等书写(包括拟写、修改、补充、注释或签名)。

4)归档目录与归档文件关系清晰,各级类目设置清楚,能反映工程特征和工程实况。

（3）组卷方法

根据水利工程文件材料归档范围，划分文件材料的类别，按文件种类组卷。并应注意单位工程的成套性，分部工程的独立性，应在分部工程的基础上，做好单位工程的立卷归档工作。同一类型的文件材料以分部或单位工程组卷，如工程质量评定资料以分部工程组卷，竣工图以单位工程或不同专业组卷；管理性文件材料以标段或项目组卷。

2.案卷和案卷内科技文件材料的排列

卷内文件要排列有序，工程文件材料及各类专门档案材料的卷内排列次序，可先按不同阶段分别组成案卷，再按时间顺序排列案卷。

（1）基建类案卷按项目依据性材料、基础性材料、工程设计（含初步设计、技术设计、施工图设计）、工程施工、工程监理、工程竣工验收、调度运行等排列。

（2）科研类案卷按课题准备立项阶段、研究实验阶段、总结鉴定阶段、成果申报奖励和推广应用等阶段排列。

（3）设备类案卷按设备依据性材料、外购设备开箱验收（自制设备的设计、制造、验收）、设备生产、设备安装调试、随机文件材料、设备运行、设备维护等排列。

（4）案卷内管理性文件材料按问题、时间或重要程度排列。并以件为单位装订、编号及编目，一般正文与附件为一件，并正文在前，附件在后；正本与定稿为一件，并正本在前，定稿在后，依据性材料（如请示、领导批示及相关的文件材料）放在定稿之后；批复与请示为一件，批复在前，请示在后；转发文与被转发文为一件，转发文在前，被转发文在后；来文与复文为一件，复文在前，来文在后；原件与复制件为一件，原件在前，复制件在后；会议文件按分类以时间顺序排序。

（5）文字材料在前，图样在后。

（6）竣工图按专业、图号排列。

3.案卷的编制

（1）案卷封面及脊背的编制

案卷封面与脊背的案卷题名、档号、保管期限应一致。案卷题名应简明、准确地揭示卷内科技文件材料的内容。

立卷（编制）单位：填写负责文件材料组卷的部门。

起止日期：填写案卷内科技文件材料形成的起止日期。

档号：档案的编号填写档案的分类号、项目号和案卷顺序号。

档案馆号：填写国家档案行政管理部门赋予的档案馆代码。

案卷封面及脊背的尺寸及字体要求见附件，由项目法人统一制作。

（2）卷内科技文件材料页号的编写

1）案卷内文件材料均以有书写内容的页面编写页号,逐页用打码机编号,不得遗漏或重号。

2）单面书写的文件材料在其右下角编写页号;双面书写的文件材料,正面在其右下角,背面在其左下角编写页号。

3）印刷成册的文件材料,自成一卷的,原目录可代替卷内目录,不必重新编写页号;与其他文件材料组成一卷的,应排在卷内文件材料最后,将其作为一份文件填写卷内目录,不必重新编写页号,但需要在卷内备考表中说明并注明总页数。

4）卷内目录、卷内备考表不编写页号。

（3）卷内目录的编制

卷内目录是登录卷内文件题名及其他特征并固定文件排列次序的表格,排列在卷内文件之前。

1）序号:卷内文件材料件数的顺序用阿拉伯数字从"1"起依次标注。

2）文件编号:填写文件材料的文号或图纸的图号。

3）责任者:填写文件材料的形成部门或主要责任者。

4）文件材料题名:填写文件材料标题的全称,不要随意更改或简化;没有标题的应拟写标题并外加"[ ]"号;会议记录应填写主要议题。

5）日期:填写文件材料的形成日期。如2022年5月1日可填写为"20220501"。

6）页号:填写每件文件材料首尾页上标注的页号。

7）各立卷单位经验收单位的接收人审核后,卷内目录由项目法人单位用计算机统一打印。

（4）卷内备考表的编制

1）卷内备考表是卷内文件状况的记录单,排列在卷内目录之后。

2）卷内备考表要注明案卷内文件材料的件数、页数以及在组卷和案卷提供使用过程中需要说明的问题,应有责任立卷人和案卷质量审核人签名,应填写完成立卷和审核的日期。

3）互见号应填写反映同一内容而形式不同且另行保管的档案保管单位的档号。档号后应注明档案载体形式,并用括号括起来。

4.案卷的装订

（1）文件材料应胶（线）装（采用三孔一线方法装订）去掉金属物,破损的文件材料要先修复。不易修复的应复制,与原件一并立卷;剔除空白纸和重复材料。

（2）案卷内不同幅面的文件材料要折叠为统一幅面,幅面一般采用国际标准A4型（297mm×210 mm）。

（3）不装订的案卷,应在每份文件材料的右上角加盖件号章,逐件编件号;填写卷内目录,顺序排列。

5.图样的整编

图样案卷一般采用不装订,图样幅面统一按国际标准A4型以手风琴式正反来回折叠,标题栏露在右下角。并在图样的标题栏框上空白处加盖档号章,逐件编件号。填写卷内目录,顺序排列。

6.照片档案

依据《照片档案管理规范》对照片进行归档。

(1)归档内容同单位工程录像拍摄内容。

(2)照片说明的编写方法和要求。

1)文字说明应准确概括地揭示照片内容,一般不超过200字,其成分包括事由、时间、地点、人物(姓名、身份)、背景、摄影者六要素;时间用阿拉伯数字表示。

2)总说明和分说明:一般应以照片的自然张为单元编写说明,一组(若干张)联系密切的照片应加总说明;凡已加总说明的照片分别编写简要的分说明,并注"*"号。

(3)照片的整理方法

1)分类:一般应在全宗内按年代一问题进行分类。分类应保持前后一致,不能随意变动。

2)根据分类情况组卷:将照片与说明一起固定在A4芯页正面,案卷芯页以十五页左右适宜。并附卷内目录与卷内备考表。

3)卷内目录:以照片的自然张或有总说明的若干张为单元填写卷内目录;照片号即案卷内照片的顺序号;照片题名在尽量保证基本要素内容完整的前提下,将文字说明改写成照片名称,一般不应超过50字。

(4)照片底片的整理方法

1)底片为胶片的。与照片对应编号,并刻入胶片。

2)数码底片。与照片对应编号,由数码相机直接存储为TIFF或JPG格式。应设置日期,并编写相应的文字说明,以光盘形式保存。

(三)竣工图的编制

竣工图是工程档案的重要组成部分,必须做到准确、清楚,真实反映工程竣工时的实际情况。项目法人应负责编制项目总平面图和综合管线竣工图。施工单位应以单位工程为单位编制竣工图。竣工图必须由施工单位在图标上方加盖竣工图章,有关单位和责任人应严格履行签字手续,不得代签;每套竣工图应编制说明、鉴定意见和目录,施工单位应按以下要求编制竣工图。

1.按图施工没有变动的,在施工图上直接加盖并签署竣工图图章。

2.一般性图纸变更及符合杠改或划盖要求的,可在原施工图上更改,在说明栏内注明变更依据,加盖并签署竣工图图章。

3.凡涉及结构形式、工艺、平面布置改变等重大改变,或图纸变更超过1/3,应重新绘制竣工图(可不再加盖竣工图图章)。重绘图应按原图编号,并在说明栏内注明变更依据,在图标栏内注明"竣工阶段"和绘制竣工图的时间、单位、责任人。监理单位应在图标上方加盖并签署竣工图确认章。

(四)水利工程档案的分类编号

1.水利工程档案的分类

分类就是根据事物的本质属性所进行的划分,是将事物的共同点和不同点加以区分的一种逻辑方法。

水利工程档案的分类,就是根据水利工程档案的内容性质和相互联系,把工程档案划分成一定的类别,从而使库藏全部工程档案形成一个具有从属关系的不同等级的有一定规律的系统。

对工程档案进行科学分类,是管理工程档案的必要手段,是工程档案整理工作的核心内容。

2.分类方案的编制

(1)根据工程档案管理工作职责和档案整理工作的原则,在通盘考虑整个工程应当形成的全部工程文件材料的基础上,由项目法人按照工程档案分类编制原则和方法,负责编制本工程分类分案,实行统一的分类标准。

(2)在充分反映水利工程档案的形成内容和特点的前提下,确定以工程项目为分类体系,把同一个工程档案的管理性和业务性材料集中在一起,考虑到工程项目和建设阶段属性的不同,按照从总到分,从一般到具体的原则划分,做到类目排列,档号结构符合逻辑原则,同位类目之间界限清楚,不相互交叉和包含。

(3)为方便使用,水利工程档案分类方案应在类目名称、档号模式、标识符号等方面,采用汉语拼音和阿拉伯数字相结合的混合编号方法,力求做到准确、简明、易懂、好记。

(4)水利工程档案分类方案一般由编制说明和一级类目表(按工程项目分类)、二级类目表(按建设阶段分类)三部分组成。

五、水利工程档案验收与移交

水利工程档案验收,是工程竣工验收的重要组成部分。各类归档案卷(竣工验收会议除外)及工程录像资料应作为工程验收的有机部分置于竣工验收会议现场接受审查。各单位(阶段)工程项目由组织工程验收单位的档案人员参加,并写出包括评定等级在内的档案验收意见。档案资料验收根据不同阶段,按以下程序进行。

(一)单位工程完(竣)工验收

1.施工及设备制造单位提出书面工程预付款申请或验收(交付设备)前15天,应按归档要求完成档案资料的整理工作,进行全面自查,项目监理人员对施工单位全部档案资料的内容及整理质量进行全面检查、把关签署审查意见后,按统一格式写出自检报告(含电子版),连同拟归档的档案文件正本(原件)一并上报审核项目法人。

2.监理单位对其形成的监理档案按归档要求进行整理,按统一格式写出自检报告(含电子版),连同拟归档的档案文件正本一并上报项目法人。

3.负责汇总的监理单位负责收集、汇总各监理单位的工程档案,与工程项目监理档案重复的只提交卷内目录。编制案卷目录(含电子版)。按合同规定移交项目法人。

4.项目法人档案管理部门会同建管部门的工程技术人员对档案资料的整理质量及内容进行审核,报项目质量监督站审定通过后,归档单位按要求完成副本制作、扫描刻录光盘后,由项目法人档案管理部门出具档案合格书面证明,方可进行工程验收。

5.建设、设计、施工、监理、质量监督与检测、质检等单位在提交工作报告的同时均应制做成多媒体,并刻录成光盘,现场汇报后归档。

6.工程验收时,在验收小组的领导下,由项目法人、质量监督、监理、施工等单位的档案管理人员组成档案验收组,对档案进行审查与验收,评定档案质量等级,提出验收专题报告,其主要内容要写入工程验收鉴定书。

(二)全部工程竣工验收(包括初步验收)

工程竣工验收前三个月,在完成各类文件材料、全套竣工图的组卷、分类、编号及填写案卷目录后,由项目法人组织施工、设计、监理等单位的项目负责人、工程技术人员和档案管理人员,对工程档案的完整性、系统性、准确性、规范性,进行全面检查,并进行档案质量等级自评,写出自检报告。经上级主管部门审核同意后,向验收主管部门报送"×××工程档案验收申请表"。档案资料验收提前于工程竣工验收,并于工程竣工验收前完成档案资料的整改。验收专题报告作为工程竣工验收鉴定书的附件,其主要内容要反映到鉴定书中。档案资料自检报告及验收报告应包括以下内容。

1.档案资料工作概况:工程概况及档案管理情况;档案资料工作管理体制(包括机构、人员等)和档案保管条件(包括库房、设备等);档案资料的形成、积累、整理(立卷)与归档工作情况,其中包括项目单位、单项工程数和产生档案资料各种载体总数(卷、册、张、盘)。

2.竣工图的编制情况与质量。

3.档案资料的移交情况,并注明已移交的卷(册)数、图纸张数等有关数字。

4.对档案资料完整、准确、系统、安全性以及整体案卷的质量进行评价,档案资料在施工、试运行中的作用情况。

5.档案资料管理工作中存在的问题、解决措施及对整个工程建设项目验收产生的影响。

(三)档案资料的移交与归档

必须填写档案移交表,必须编制档案交接案卷及卷内目录,交接双方应认真核对目录与实物,并由经办人、负责人签字、加盖单位公章确认。分以下情况,在规定的时间内办理交接手续。

1.勘测设计单位及业务代理机构应归档的档案资料在提交设计成果和代理工作结束一周内移交项目法人。

2.单位工程施工、监理、质量监督与检测档案资料在完(竣)工验收会议结束周内移交项目法人。

3.设备生产单位档案资料在设备交货验收的一周内移交项目法人。

4.文书档案办理完毕后立卷归档于次年6月底前移交。

5.照片、录像、录音资料:在每次会议或活动结束后由摄影、摄像者整理10日内交相应的档案管理部门归档。

6.归档套(份)数:勘测设计、施工、监理、委托代理、质量监督与检测等归档单位所提交的各种载体的档案应不少于三套(份)。其中,正本(原件)报项目法人一套(份),涉及的各级建管单位各一套(份),只有一份原件时,原件由产权单位保存,多家产权的由投资多的一方保管原件,其他单位保管复印件。

六、档案信息化建设

(一)档案信息化建设的重要意义

档案信息化建设,对档案事业的发展具有十分重要的现实意义和深远的历史意义。首先,我们现处在以信息技术为主要特征的知识经济时代,作为社会信息资源重要组成部分的档案事业必须大力加强档案信息化建设,加快推动档案管理现代化进程,为档案信息资源的合理配置、科学管理和为社会提供优质的服务。其次,加强档案信息化建设,是档案事业应对全球科学技术迅猛发展形势的必然选择,信息技术及信息产业的高速发展,给档案工作带来了挑战和压力,同时也给我们带来新的机遇。只要抓住这一机遇,努力学习和运用当代先进的科学知识与科技手段,加快档案工作融入信息社会的步伐,就能够推动档案信息化建设,就可以使档案事业实现跨越式发展,为社会提供全面、便捷的优质服务。

(二)档案信息建设的含义

所谓档案信息化建设是指在国家档案行政管理部门的统一规划和组织下,在档案管理的活动中全面应用现代信息技术,对档案信息资源进行数字化处置、管理和提供利用。换句话说,档案信息化使档案管理模式发生转变,从以档案实体保管和利用为重点,转向档案实体的数字化存储和提供服务为中心,从而使档案工作进一步走向规范化、数字化、网络化、社会化,充分实现档案信息资源共享。

应该如何理解这一含义呢?

第一,档案信息化工作由国家行政管理部门统一规划和组织。

第二,全面应用现代化技术。信息技术是指完成信息技术的获取、加工、传递和利用等技术的总和。而现代信息技术是以计算机与通信技术为核心,对各种信息进行收集、存储、处理、检索、传递、分析与显示的高技术群。当前,档案信息的发展以多媒体和数字化为主要特征。可以说,数字化、网络化是实现档案信息化的必由之路。

第三,档案信息化建设的最终目的是切实加强档案信息资源的合理配置和科学管理,以满足社会各方面(也包括工程建设方面)日益增长的利用档案信息的迫切需要。

总之,通过对档案信息化建设含义的理解,我们就可以把握住档案信息化建设的内涵:一是要实现档案信息的数字化,二是要实现档案信息接收、传递、存储和提供利用的一体化,三是要实现档案信息高度共享,四是必将引发档案管理模式的变革。

(三)档案信息化建设的内容

档案信息化建设的内容主要包括基础设施建设、标准规范建设、应用系统建设、档案信息资源建设和人才队伍建设五个方面的内容。

1.基础设施建设。基础设施是指档案信息网络系统和档案数字化设备,主要包括计算机硬件基础环境和各类辅助设施,如信息高速公路和宽带网、各种通信子网、内部局域网以及与之配套的软硬件设施,它们是档案信息传输、交换和资源共享的基础条件。

2.标准规范建设。是对电子文件的形成、归档和电子信息资源标识、描述、存储、查询、交换、网上传输和管理等方面,制定标准、规范,并指导实施的过程。

档案信息化的标准、规范相当于信息高速公路上的"交通规则",对确保计算机管理的档案信息和网络运行的安全、畅通,具有十分重要的意义。

3.应用系统建设。应用系统建设主要内容包括档案信息的收集、档案信息的管理、档案信息的利用、档案信息的安全等方面,它关系到档案信息化建设的速度与质量,集中体现了档案信息化建设的效益和档案信息服务的效果。

4.档案信息资源建设。档案信息化建设的核心是档案信息资源建设,它是衡量档案信息化开发和利用水平的一个重要标志。档案信息资源建设主要内容是对所藏档案的数字化和电子文件的采集和接收,其主要形式包括所藏档案目录中心数据库建设、各种数字化档案全文及专数据库建设。

5.人才队伍建设。这是档案信息化的实施者,也是信息化的成功之本,对其他各个要素的发展速度和质量有着决定性的影响。档案信息化建设不仅需要档案专业人才、计算机专业人才,更需要既懂档案业务又熟悉信息技术的复合型人才。

以上所阐述的档案信息化建设可以用一句话来概括,就是以档案信息的数字化为基础,以档案信息网络化传输为纽带,以实现档案信息资源的共享为目的。用公式表示为"数字化+网络化+信息共享=信息化"。

(四)档案信息化建设应遵循的基本原则

档案信息化建设,应遵循其自身所具有的规律和特点。在进行档案信息化建设的过程中,要着重把握三条基本原则。即文档一体化原则、归档双轨制原则和确保网络安全的原则。

1.文档一体化原则

多年的实践证明,机关和企事业单位的档案信息化建设必须以文档一体化为前提,必须把档案信息化建设纳入本单位办公自动化的总格局,与办公自动化融为一体,同步进行,同步发展。

文档一体化原则就是从文书和档案工作的全局出发,在公文生产制发到归档管理的全过程,使用"文档一体化"计算机管理系统,一次输入,多次利用,从公文产生到运转的每一个环节上,特别是在公文向档案转化的关键环节,都体现出档案工作的具体要求,使文档实体生产一体化。管理一体化,利用一体化,规范一体化,实现文书工作和档案工作信息共享,规范衔接。文档一体化的作用是显而易见的:一是可以减少人力物力的浪费,二是提高了对档案的利用率,三是便于文件和档案的检索。

水利工程建设单位怎样实现工程文档一体化管理?其途径如下:第一,要转变传统的文档分离、各自发展的观念和做法,在工程建设初期,只设一个综合职能部门,负责文书处理和档案管理工作。第二,加快办公自动化进程。办公自动化是文档一体化管理得以实现的物质基础和手段。因此,加强、加大办公自动化宏观管理和硬件建设的力度,才能有效推进文档一体化管理进程。第三,建立计算机网络系统,利用文档一体化管理软件,把文件管理和档案管理连接起来,组成一个综合的文件管理系统,实现在计算机的各接点上,文件数据的自由存储和档案资源共享的文档一体化管理目标的最优化。第四,制定标准,规范管理。文档一体化管理不只局限于传统的文书档案管理领域,而是覆盖各职能部门的不同门类、不同载体的文件档案,通过综合管理使各部门文件和档案得到充分发挥和利用的整体效果。因此,强化文件管理的标准化、规范化,严格规范揭示文件内部特征和外部特征信息的各项数据是一体化管理的基本前提和条件。运用计算机实行一体化管理,还必须要求每一个单位的文件、档案类目划分和设置都要准确、标准和规范。只有做到统一业务标准、统一工作程序,才能使文档一体化管理成为一个协调有序、标准规范的系统工程。第五,网络管理,在线归档。利用文档一体化管理系统软件,实现在线实时归档,应以网络为起点,将各种文件与档案工作统筹规划、相互协调,两者在网络系统内衔接,从而实现文件的一次性输入,多次输出利用,全网络信息共享。第六,对档案工作者加强现代信息技术培训,造就一支具备现代档案管理意识和现代档案管理技能的档案工作队伍。

2.归档双轨制原则

即纸质文件与电子文件归档并存的原则。在今后相当长的一个时期内,具有重要保存价值的电子文件,一定要有相应的纸质文件归档保存。同时,电子文件也要按照其记录信息的保存价值进行物理归档,转化为电子档案,并按有关规定安全保管。

电子档案管理是当前档案工作中的一个热点问题。国家陆续出台了《电子文件归档与管理规范》《纸质档案数字化技术规范》等业务标准。预计在较长的时间内,纸质文件和电子文件还会继续并存。二者互为条件、互补长短。由于印章和签署是文件生效的主要标志,在现在技术条件下,对一些具有凭证作用和法律效力的文件必须以纸介质形式保存。鉴于电子文件载体和信息技术的不稳定性,以及电子文件的易修改性,也有必要将重要的电子文件制成硬拷贝存档,以确保数据的安全。因此,当前各机关、企事业单位凡是具有保存价值的电子文件,必须有相应的内容一致的纸质文件一并归档。水利工程建设单位应严格执行国家的双轨制归档原则。针对水利工程建设周期长、施工单位多、工作面广、内容繁杂、形成材料多等特点,水利工程建设单位应注意把握好两种介质文件同时归档的两个关键环节:一是要注意同时归档。工程建设单位要改变和克服过去注重纸质档案归档的习惯做法,应按照现在的要求,首先将工程各个阶段和各个环节工作中形成的所有电子文件,及时、全面、准确、系统地收集起来,与相应的纸质档案同时归档;其次要加强软硬件基础设施建设,为纸质文件及时实施数字化提供必要的条件。二是要注意两种介质文件内容完全一致。两种介质文件归档时,无论是电子文件的"原始文本",还是纸质文件数字化的文本其内容均应与纸质文件完全一致,互为印证,准确无误地揭示和记录工程建设的全过程,充分体现和发挥档案信息的价值功能。

3.确保网络安全原则

办公自动化系统,包括机关单位和重点建设项目工程档案信息化系统,有时会涉及国家或项目机密,必须与互联网等公共信息网实行物理隔离。机关或建设项目涉密的档案信息不得存储在公共信息网相连的信息设备上。要采取彻底的防范措施,确保办公局域网和有关档案信息的安全。

在进行档案信息化建设的同时,要高度重视信息化进程中出现的信息安全问题。档案不同于其他信息资源,开放利用必须经过严格的审查。各单位要加强领导和管理,通过严格的规章制度和有效的措施,配以相应的技术手段,达到确保信息安全的目的。

(五)纸质档案数字化的含义、基本环节和步骤

纸质档案数字化是档案信息化建设的一个重要环节和基础工作,也是为档案信息高速公路提供充足的货源做准备。没有档案数字化就谈不上档案信息化建设。

1.纸质档案数字化的含义

纸质档案数字化,即采用扫描仪或数码相机等数码设备对纸质档案进行数字化加工,将其转化为存储在磁带、磁盘、光盘等载体上并能被计算机识别的数字图像或数字文本的处理过程。

纸质档案数字化是一项技术性很强的系统工程,对人员的素质有很高的要求,既要熟悉档案业务,又要懂得计算机操作。

2.纸质档案数字化的基本环节

纸质档案数字化的基本环节主要包括:档案整理、档案扫描、图像处理、图像储存、目录建库、数据挂接、数据验收、数据备份、成果管理等。

3.纸质档案数字化的步骤

在对纸质档案扫描之前,根据档案管理情况,对档案进行适当整理,确保档案数字化质量。整理步骤如下。

第一步,目录数据准备。按照《档案著录规则》等的要求,规范档案中的目录内容。包括确定档案目录的著录项、字段长度和内容要求。如有错误或不规范的案卷题名、文件名、责任者、起止页号和页数等,应进行修改。

第二步,拆除装订。在不去除装订物的情况下,影响对档案扫描工作的进行,应拆除装订物。拆除装订物时应注意保护档案不受损害。

第三步,区分扫描件和非扫描件。按要求把同一案卷中的扫描件和非扫描件区分开。普发性文件区分的原则是,无关和重份的文件要剔除,有正式件的文件可以不扫描原稿。

第四步,页面修整。如果破损严重就无法直接进行扫描档案,应先进行技术修复,折皱不平影响,扫描质量的原件应先进行相应处理后再进行扫描。

第五步,档案整理登记。制作并填写纸质档案数字化加工过程交接登记表单,详细记录档案整理后每份文件的起始页号和页数。

第六步,装订。扫描工作完成后,拆除过程装订物的档案应按档案保管的要求重新装订。恢复装订时,应注意保持档案的排列不变,做到安全、准确、无遗漏。

(六)电子文件的整理和归档

目前,随着办公自动化水平和现代化程度的不断提高,在工程项目建设管理过程中形成了大量的电子文件。但如果疏于管理,方法不当,很容易造成电子文件的流失。对电子文件进行及时收集和归档并使其得以长期保存,是档案信息化建设的一项重要内容。电子文件的归档,就是通过计算机将整理好的电子文件和它生存的环境条件一并转存在磁性记录材料或光盘等载体上保存。电子文件归档后形成电子档案。对归档电子文件的要求主要是真实、完整、有效、达到档案的功能价值。

电子文件的整理,是指按照一定原则和方法,将电子文件分门别类组成电子档案的一项工作。电子文件的整理工作包括两个层次:一是进行分类、排序;二是建立数据库。

1.分类、排序

分类、排序是将存储载体传递的零散的、杂乱的电子文件通过分类、标引、组合,使电子文件存储格式处于一致有序状态。按档案管理要求对进行分类、排序、著录标引,这项工作应由归档人员来完成。一般情况下归档人员只是对某一份或几份电子文件的整理。归档后,档案保管部门还要进行检查和系统的整理。如对电子文件的调整,目录和表格的编写、填写,电子文件的格式转换等一系列的加工整理工作。

2.建立数据库

建立数据库前应对电子文件进行分类编号,使其达到总体上的有序状态。对于不同应用系统应选取不同的文件组织方式或组合方法,目的是方便使用。组建数据库的主要内容:首先是对电子文件进行分类编号,分类编号就是按照本单位分类方案的规定对电子文件进行划分,并给每份电子文件一个固定的号码,从而使全部电子文件成为一个有机的排列有序的整体;其次是对电子文件的登记,电子文件分类编号后,要建立检索文件,检索文件是对电子文件进行快速访问的有效工具。

3.电子文件的归档

电子文件归档,是将应归档的电子文件,经过整理确定档案属性后,从电子计算机存储器或其网络存储器上,拷贝或刻录到可脱机的存储载体上,以便长期保存的工作过程。不同环境条件产生的电子文件,其归档的方法是不同的,如果是电子计算机网络系统,按要求转数据库或记有归档的标识即可完成归档任务。但以存储载体传递的电子文件归档,就必须做一些辅助和认证工作,要与相关的纸质文件结合归档。

(1)归档范围和要求

电子文件的归档范围参照国家和水利部关于纸质文件材料归档的有关规定执行,并应包括相应的背景信息和元数据。其中:背景信息,指描述生成电子文件的职能活动、电子文件的作用、办理过程、结果、上下文关系以及影像产生的历史环境等信息;元数据,指描述电子文件数据属性的数据,包括文件的格式、编排结构、硬件和软件环境、文件处理软件、字处理和图形工具软件、字符集等数据。

电子文件归档还应注意收集以下有关文件。

一是支持性文件,指能够生成运行文本、数据、图形等文件和各种命令及设备运行所需的操作系统。

二是数据文件,指各种数据材料。由于数据在不断变化、更新,应对元数据隔一段时间定期拷贝,并将拷贝文件归档。

三是与电子文件有关的各种纸质文件,主要有产生电子文件所使用的设备安装与使用说明、操作手册等,以及电子文件形成过程中产生的一些纸质文件,如设计任务书等。

逻辑归档可实时进行,物理归档应按照纸质文件的规定定期完成。

文件形成部门或信息管理部门应定期把经过鉴定符合归档条件的电子文件向档案部门移交,并按档案管理要求的格式将其存储到符合保管期限要求的脱机载体上。

(2)归档方法

电子文件归档一般采用以下办法。

1)将应归档的电子文件最终版本录入存储载体上。一般由归档人员对经过整理、确定保管期限等档案属性后,录入存储载体,脱机后可存放在别处。

2)压缩归档。采用数据压缩工具,对电子计算机网络上应归档的电子文件,经过一段时间积累后进行压缩操作。这种方法对将来的电子档案管理有利。但是,采用的压缩工具及过程要有统一的要求,否则一人一方法,就会导致以从压缩归档的电子档案中检索出所需要的内容。

3)备份归档。一般在电子计算机网络环境下采用。将归档的电子文件在网上进行一次备份操作,就可将归档的电子文件录入存储载体。为保证电子文件的真实性,在归档电子文件时,也将记录日志录入存储载体上。

结语

　　水利工程的施工建设数量随着我国的经济社会的不断发展而逐渐增多,因而水利工程的建设质量以及建设重要性也在不断增强。水利工程是我国社会经济发展中提供水利资源的重要工程项目。其建设的质量好坏以及水利工程的安全控制不仅会影响我国工程建设水平,也是水利工程施工竞争能力的体现,同时还对我国的工程建设经济效益具有干扰作用。另外,水利工程还具有影响人民的生命财产安全的特点。因此,我们需要加强水利工程建设的质量并对工程的施工安全进行控制,这样才能在保障安全施工以及质量管理的同时做好水利工程施工工作。

　　作为我国国民经济发展的基础性工程,水利工程的建设不仅可以防洪除涝灌溉田地,还能产生一定的社会效益,对我国的人民生命财产安全以及国家的经济建设发展有巨大的影响。水利工程建设的施工工期比较长,因此所涉及的工艺较为复杂,由于施工周期过长,在工程建设中影响施工安全的因素较多。加强水利工程的施工质量,并对施工安全进行有效的控制可以最大限度地降低工程事故的发生概率,这对水利工程的顺利发展以及控制工期等至关重要。

　　由于水利工程施工数量多、规模大,其安全事故发生的频率也有所增加。水利工程安全事故的发生不仅会造成经济损失,还会造成人员伤亡事故,对社会稳定造成不良影响。因此,加强水利工程施工过程中安全管理和控制非常有必要。水利工程是国家建设的基础性工程,关乎人民生命财产安全,具有社会公益性。工程质量与安全控制的好坏不仅涉及建设、施工各方的利益,而且影响国民经济发展。

　　水利工程施工质量与安全决定水利工程能否安全、可靠、经济、适用地在规定使用年限内正常运行,发挥设计效益。水利工程施工质量与安全管理,实际上就是对水利工程施工阶段各环节、各因素的全过程、全方位的质量与安全监督管理。

　　近年来,我国的经济水平得到了飞速发展,而这也使我国的水利工程建设取得了很好的成效。水利工程的建设涉及范围较广,施工质量及施工安全的影响因素也相对较多,因此想要提高水利工程建设的质量与安全,实现对水利工程成本的有效控制,就需要加强对水利工程的施工管理水平。随着我国水利事业的不断发展,对水利工程施工质量及安全的管理要求也不断提高,因此,必须对其施工管理工作加大重视,并要采取有效的措施进行保障。

参考文献

[1]赵永前.水利工程施工质量控制与安全管理[M].郑州:黄河水利出版社,2020.

[2]陈三潮,关晓明,张荣贺.辽宁省地方标准水利工程输水管道工程施工质量评定表实例及填表说明[M].沈阳:辽宁科学技术出版社,2020.

[3]郭海,彭立前.水利水电混凝土工程单元工程施工质量验收评定表实例及填表说明[M].北京:中国水利水电出版社,2019.

[4]陈三潮,关晓明,张荣贺.水利水电工程安全监测、计算机监控及通信系统安装单元工程施工质量评定表实例及填表说明[M].沈阳:辽宁科学技术出版社,2019.

[5]郭海,彭立前.水利水电水工金属结构安装工程单元工程施工质量验收评定表实例及填表说明[M].北京:中国水利水电出版社,2018.

[6]陆维杰,徐志远.水利水电工程单元工程施工质量验收评定表填写指导与示例[M].北京:新华出版社,2017.

[7]刘儒博.校企合作特色教材:水利水电工程施工质量监控技术[M].北京:中国水利水电出版社,2017.

[8]陈三潮,邵子玉,王烈.水利水电工程输水管道工程施工质量验收评定表填表说明及实例[M].沈阳:辽宁科学技术出版社,2016.

[9]郭海,杨微,等.水利水电地基处理与基础工程单元工程施工质量验收评定表实例及填表说明[M].北京:中国水利水电出版社,2016.

[10]赵新华.水利水电工程施工质量检验与评定[M].桂林:广西师范大学出版社,2015.

[11]李恒山,王秀梅,等.水利水电土石方工程单元工程施工质量验收评定表实例及填表说明[M].北京:中国水利水电出版社,2015.

[12]张继真,信永达.水利施工企业安全生产标准化管理表格应用与示例[M].北京:中国水利水电出版社,2021.

[13]赵满江,许庆霞.水利工程施工单位安全生产管理违规行为分类标准条文解读[M].北京:中国水利水电出版社,2021.

[14]王仁龙.水利工程混凝土施工安全管理手册[M].北京:中国水利水电出版社,

2020.

[15]赵永前.水利工程施工质量控制与安全管理[M].郑州:黄河水利出版社,2020.

[16]王东升,苗兴皓.水利水电工程建设从业人员安全培训丛书 水利水电工程安全生产管理[M].北京:中国建筑工业出版社,2019.

[17]巩瑞连,朱松昌,王孝军,等.水利行业勘测设计单位环境 职业健康安全管理应用[M].北京:中国水利水电出版社,2018.

[18]王东升,王海洋.水利水电工程安全生产法规与管理知识[M].徐州:中国矿业大学出版社有限责任公司,2018.

[19]尚友明,朱波著.水利安全生产监督管理体制建设研究[M].郑州:黄河水利出版社,2017.

[20]刘学应,王建华.水利工程施工安全生产管理[M].北京:中国水利水电出版社,2017.

[21]孔晓.水利水电工程安全管理指南[M].天津:天津科学技术出版社,2017.

[22]朱广设.黄河水利安全生产监督管理实用手册[M].郑州:黄河水利出版社,2017.

[23]王腾飞.水利工程建设项目管理总承包PMC工程质量验收评定资料表格模板与指南:上[M].郑州:黄河水利出版社,2021.

[24]张奎俊,王冬梅.山东省水利工程建设质量与安全监督工作手册[M].北京:中国水利水电出版社,2020.

[25]曹广稳.水利工程质量管理研究[M].北京:中国国际广播出版社,2018.

[26]胡春涛.水利工程质量检测技术[M].昆明:云南科技出版社,2017.

[27]刘儒博,等.校企合作特色教材:水利水电工程施工质量监控技术[M].北京:中国水利水电出版社,2017.

[28]石庆尧,黄玮,庞晓岚,等.水利工程质量监督理论与实践指南[M].北京:中国水利水电出版社,2015.

[29]赵新华.水利水电工程施工质量检验与评定[M].桂林:广西师范大学出版社,2015.

[30]陈三潮,邵子玉,王烈.水利水电工程输水管道工程施工质量验收评定表填表说明及实例[M].沈阳:辽宁科学技术出版社,2016.